Deutsch-deutsche

Grenzbahnhöfe

Deutsch-deutsche

GRENZBAHNHÖFE

Bernd Kuhlmann

GeraMond

Ein kostenloses Gesamtverzeichnis erhalten Sie beim
GeraMond Verlag
D-81664 München

Lektorat: Lothar Reiserer
Layout: Buchflink Nördlingen
Repro: Scanner Service
Herstellung: Thomas Fischer

Alle Angaben dieses Werkes wurden vom Autor sorgfältig recherchiert und auf den aktuellen Stand gebracht sowie vom Verlag geprüft. Für die Richtigkeit der Angaben kann jedoch keine Haftung übernommen werden. Für Hinweise und Anregungen sind wir jederzeit dankbar. Bitte richten Sie diese an:
GeraMond Verlag GmbH
Lektorat
Innsbrucker Ring 15
D-81673 München
e-mail: lektorat@geranova.de

Die Deutsche Bibliothek – CIP Einheitsaufnahme
Ein Titeldatensatz für diese Publikation ist bei der Deutschen Bibliothek erhältlich.

2. Auflage 2006

Printed by Printer Trento S.r.l.
ISBN 3-7654-7140-2

Umschlagabbildungen:
Vorderseite – Herbert Neudert (oben), Johannes Glöckner (unten)
Rückseite – Ralf Roman Rossberg

Vorwort

Nachdem 1998 vom gleichen Verlag mit dem Band „Interzonenzüge" der Bahnverkehr zwischen beiden deutschen Staaten ausführlich betrachtet wurde, sollen jetzt die zeitweiligen Grenzbahnhöfe der DR mit ihren Grenzstreckenabschnitten und ihrem Betrieb, das Kontrollregime der DDR-Organe, die technischen Grenzsicherungen, aber auch die erschwerten Arbeitsbedingungen der Eisenbahner in diesen Sperrbereichen im Mittelpunkt des Interesses stehen.

Über 15 Jahre sind vergangen, seit es im deutsch-deutschen Schienenverkehr keine Grenzbahnhöfe mehr gibt. Diese waren wider den Willen der meisten Menschen nur einseitig von der Deutschen Reichsbahn (DR) eingerichtet worden. Das Buch beschreibt die früheren Übergangs- und späteren Grenzbahnhöfe zwischen Lübeck/Herrnburg und Gutenfürst/Hof (Saale), über die nach 1945 Züge und Lokomotiven fuhren. Nach den am 26. Mai 1952 beschlossenen, vom damals noch jungen Ministerium für Staatssicherheit (MfS) diktierten „Maßnahmen an der Demarkationslinie zwischen der DDR und den westlichen Besatzungszonen Deutschlands" begann die DDR, sich systematisch abzugrenzen, bekannte sich aber offiziell zur Wiedervereinigung. Der tragische Höhepunkt war der Mauerbau am 13. August 1961, mit dem sich die Zahl der jetzt zur Festung ausgebauten Grenzbahnhöfe weiter reduzierte.

Der „grenzüberschreitende Verkehr nach der BRD" war stets Chefsache. Die beteiligten Eisenbahner wurden nur in dem Umfang informiert, wie das zum Erfüllen ihrer Arbeitsaufgaben unbedingt nötig war. Anscheinend völlig sinnlose Weisungen hatten einen tieferen Hintergrund, der aus einem übertriebenen Sicherheitsbedürfnis heraus vom MfS diktiert wurde. Auf den Grenzbahnhöfen bestimmten die Leiter der Personenkontrolleinheiten (PKE) des MfS – getarnt in Uniformen der Grenztruppen (GT) –, was zu tun und zu lassen war, auch für alle Zugfahrten. Die Grenztruppen und die Grenzzollämter (GZA) waren ebenso wie die Angehörigen der Transport- und Volkspolizei für das MfS die „Organe des Zusammenwirkens". Auch die Eisenbahner der DR, sogar die Angehörigen der MITROPA, des Deutschen Roten Kreuzes in der DDR und der Staatsbank der DDR, besser als Befehlsempfänger bezeichnet, wurden unwissentlich vom MfS für seine Zwecke ausgenutzt.

Zum Gelingen des Buches trugen viele mit Wort und Bild bei. Zu danken ist besonders der Abt. Bildung und Forschung des Bundesbeauftragten für die Unterlagen des Staatssicherheitsdienstes der ehemaligen DDR (BStU), die Unterlagen aus dem Zentralarchiv (ZA) auswählte und zum Auswerten bereitstellte. Ein herzlicher Dank gilt all jenen Eisenbahnfreunden, die mit Unterlagen, Hinweisen und Fotos das Vorhaben unterstützten. Stellvertretend für die, die ungenannt bleiben wollen, sollen lobend hervorgehoben werden:

Peter Bley aus Berlin, Hagen Koch vom Berliner Mauer-Archiv, Heinz Krautzschick aus Berlin, Jürgen Krebs aus Barby (Elbe), Paul Lauerwald aus Nordhausen, Michael Reimer aus Berlin, Ralf Roman Rossberg aus Murnau, Harro Schweingruber aus Berlin und Thomas Splittgerber aus Berlin.

Und wer erinnert sich heute bei der Fahrt durch Griebnitzsee, Schwanheide, Oebisfelde, Marienborn, Gerstungen, Probstzella oder Gutenfürst daran, dass hier ein von der DDR verordneter Zwangshalt einst zur Normalität gehörte? Diese Erinnerung wach zu halten, ist Anliegen des Buches.

Sollten sich trotz sorgfältiger Recherche Unstimmigkeiten eingeschlichen haben, oder kann das Thema mit unbekannten Tatsachen und Fotos ergänzt werden, würden sich Verfasser und Verlag über solche Hinweise freuen.

Berlin, im Sommer 2005 *Bernd Kuhlmann*

Inhalt

Flucht in die Freiheit

Mit Lok und Wagen nach Westberlin geflüchtet

rry Deterling, bis vor kurzem ührer bei der „Deutschen Reichs- " und in Oranienburg nördlich von n wohnhaft, konnte am 6. Dezem- seinen 28. Geburtstag in Freiheit n. Einen Tag vorher war er mit r Familie, Freunden und Bekannt- nach Westberlin geflüchtet — mit Lok und einem Eisenbahnwagen.

rry Deterling hat seit seinem 18. nsjahr auf der Lokomotive gestan-

Am Tage der Flucht meldete er freiwillig zu der Fahrt auf der St Oranienburg — Albrechtshof, 500 M von der Westberliner Stadtgrenze fernt. Am 30. November hatte Dete erfahren, daß der Interzonenzugver Hamburg — Berlin ab 10. Deze nicht mehr über diese Strecke ge werden sollte. So blieb ihm nur kurze Zeit für eine Flucht auf di Wege.

Kontrollpassierpunkte (KPP) im Eisenbahnverkehr von und nach Berlin ab Mai 1950 bis August 1961

im Güterverkehr	
Berlin-Rummelsburg Berlin-Schöneweide Berlin-Pankow Schildow Ahrensfelde	
Erkner Hoppegarten (Mark) Schönfließ Schönefeld (b Bln) Königs Wusterhausen Schönwalde	*Kontrolle nur von Grenzpolizei*
Griebnitzsee	*Interzonenverkehr*
Dallgow (b Bln) Teltow Drewitz Potsdam	*Kontrolle leerer Wagen und von Triebfahrzeugen durch Transportpolizei*

im Reiseverkehr	
Hennigsdorf Süd (Stolpe Süd) Griebnitzsee Eichwalde (ab 17.05.1953) Mahlow (ab 04.10.1954) Teltow Hohen Neuendorf (ab 04.10.1954) Hoppegarten (Mark) (ab 04.10.1954) Zepernick (ab 04.10.1954) Albrechtshof (ab 04.10.1954) Stahnsdorf (ab 11.09.1954)	*nur im S-Bahn-Verkehr*
Bernau (b Bln) Schönefeld (b Bln) Schönfließ Eichwalde Griebnitzsee Drewitz Erkner Falkensee Hoppegarten (Mark)	*nur Personen- und Schnellzüge des Fernverkehrs*
Ludwigsfelde Großbeeren/Teltow Rangsdorf/Mahlow	*nur bis Mai 1952 für Reisezüge zum und vom Anhalter Bahnhof*

Im Bahnverkehr zwischen BRD und DDR bestehende Grenzübergänge und zugelassene Verkehrsarten (Stand 1972)

Herrnburg – Lübeck	Reise- und Güterverkehr. Nicht zugelassen für den Reise- und Güterverkehr nach und von West-Berlin
Schwanheide – Büchen	Reise und Güterverkehr – einschließlich nach und von West-Berlin
Oebisfelde – Vorsfelde	Reise- und Güterverkehr, nicht nach und von West-Berlin, Ganzzüge nach Vereinbarung
Marienborn – Helmstedt	Reise und Güterverkehr – einschließlich nach und von West-Berlin
Ellrich – Walkenried	Güterverkehr, nicht nach und von West-Berlin
Gerstungen – Bebra	Reise- und Güterverkehr – einschließlich nach und von West-Berlin
Probstzella – Ludwigstadt	Reise- und Güterverkehr, einschließlich Reiseverkehr nach und von West-Berlin. Nicht zugelassen für den Güterverkehr nach und von Westberlin
Gutenfürst – Hof	Reise- und Güterverkehr, einschließlich nach und von Westberlin

Der Zugverkehr für die in West-Berlin stationierten Aliierten führte nur über Marienborn – Helmstedt.

Reisen zwischen Deutschland

Nach Ende des Zweiten Weltkrieges in Deutschland reisen zu müssen, war nicht einfach, gleich gar nicht zwischen den einzelnen Besatzungszonen. Galt nach Kriegsende ein generelles Reiseverbot, musste es bald für die Enttrümmerung der in Schutt und Asche liegenden Städte, für die Versorgung der Bevölkerung, aber auch für die einsetzende Aufbauarbeit gelockert werden. Fernreisen, besonders in andere Besatzungszonen, waren antrags- und genehmigungspflichtig. Ab Herbst 1945 erteilten die Besatzungsbehörden in Ausnahmefällen derartige Reisegenehmigungen, die ab 29. Oktober 1946 durch die Interzonenpässe ersetzt wurden. Diese galten bis zum 1. November 1948 bei Fahrten in die britische Zone, bis 1. November 1949 bei Fahrten innerhalb der neu gegründeten BRD. Bei Reisen von West nach Ost waren diese bis 16. November 1953 und in der Gegenrichtung bis 21. November 1953 nötig. Aus dieser Sicht trennten die Demarkationslinien mehr, obwohl Deutschland politisch und wirtschaftlich weiterhin als Ganzes behandelt werden sollte.

Berliner Blockade – nichts fuhr mehr

Ziel der Westmächte war es, das wirtschaftliche Potenzial Deutschlands nicht zu demontieren, wie das in der sowjetisch besetzten Zone (SBZ) zum Erfüllen der Reparationsforderungen geschah, sondern statt dessen aufzubauen, weiterzuentwickeln, damit die Alliierten aus der laufenden Produktion ihren zustehenden Anteil als Reparationen entnehmen konnten. Diesen Weg wollte die Sowjetunion nicht mitgehen, weil damit die wirtschaftliche Bindung zur Siegermacht verloren gegangen und zugleich die Einflusssphäre der damaligen Sowjetunion in Europa verringert worden wäre. Zweifellos entstand wegen der Starrköpfigkeit der Sowjets mit den Londoner Empfehlungen vom 7. Juni 1948 (für die wirtschaftliche Entwicklung in den Westzonen) die Ausgangsbasis für eine zunächst wirtschaftliche und später auch politische Spaltung Deutschlands. Vorausgegangen waren Vier-Mächte-Verhandlungen im Dezember 1947 und die Konferenz der Ministerpräsidenten aller deutschen Länder im Juni 1947 in München.

Im Mai/Juni 1948 trafen sich in Paris die Außenminister der vier Siegermächte. Auf dieser Konferenz unternahmen sie einen letzten Versuch, das sich immer mehr anbahnende Auseinanderrücken der beiden Wirtschaftsgebiete und die von den Westmächten angestrebte Währungsreform zu verhindern und Deutschland wieder zusammenzuführen. Das scheiterte an der starren Haltung der Sowjetunion, die ihren Einfluss gefährdet sah und auf Abgrenzung beharrte. Trotzdem beteuerten bis Mitte der fünfziger Jahre beide Seiten die wiederherzustellende Einheit Deutschlands als das Ziel ihres Handelns.

Nachdem seit Jahren von alliierter und deutscher Seite über eine Währungsreform in ganz Deutschland

Fortsetzung Seite 12

Seite 10/11:
Auszug aus dem Transitvertrag für den Verkehr zwischen der BRD und West-Berlin vom 17. Dezember 1971.
Slg. Kuhlmann

Abkommen zwischen der Regierung der Deutschen Demokratischen Republik und der Regierung der Bundesrepublik Deutschland über den Transitverkehr von zivilen Personen und Gütern zwischen der Bundesrepublik Deutschland und Berlin (West)

17. Dezember 1971

Die Regierung der Deutschen Demokratischen Republik und die Regierung der Bundesrepublik Deutschland

sind,

in dem Bestreben, einen Beitrag zur Entspannung in Europa zu leisten,

und

in Übereinstimmung mit den Regelungen des Abkommens zwischen den Regierungen der Französischen Republik, der Union der Sozialistischen Sowjetrepubliken, des Vereinigten Königreichs von Großbritannien und Nordirland und der Vereinigten Staaten von Amerika vom 3. September 1971

übereingekommen,

dieses Abkommen abzuschließen:

Artikel 1

Gegenstand dieses Abkommens ist der Transitverkehr von zivilen Personen und Gütern auf Straßen, Schienen- und Wasserwegen zwischen der Bundesrepublik Deutschland und den Westsektoren Berlins — Berlin (West) — durch das Hoheitsgebiet der Deutschen Demokratischen Republik — im folgenden Transitverkehr genannt.

Artikel 2

1. Der Transitverkehr wird erleichtert werden und ohne Behinderung sein. Er wird in der einfachsten, schnellsten und günstigsten Weise erfolgen, wie es in der internationalen Praxis vorzufinden ist.

2. Im Transitverkehr finden die allgemein üblichen Vorschriften der Deutschen Demokratischen Republik bezüglich der öffentlichen Ordnung Anwendung, soweit dieses Abkommen nichts anderes bestimmt.

Artikel 11

1. Im Eisenbahnverkehr werden die Fahrpläne der Regel- und Bedarfszüge unter Berücksichtigung des Verkehrsaufkommens zwischen den zuständigen zentralen Stellen der Abkommenspartner vereinbart.

2. Bei außergewöhnlich umfangreichem Verkehrsaufkommen wird im Rahmen der betrieblichen Möglichkeiten der Eisenbahnen der Einsatz zusätzlicher Züge vereinbart.

3. Für die Durchführung des Eisenbahnverkehrs zwischen den Grenzbahnhöfen der Deutschen Demokratischen Republik und der Bundesrepublik Deutschland werden die entsprechenden Betriebsvorschriften zwischen den zuständigen zentralen Stellen der Abkommenspartner vereinbart.

4. Die Abkommenspartner erkennen auf der Basis der Gegenseitigkeit die Ausweise für das Fahr- und Zugbegleitpersonal der Eisenbahnzüge an.

Artikel 12

1. Im Transitverkehr können durchgehende Züge benutzt werden. Diese Reisezüge — einschließlich der Autoreisezüge — verkehren auf dem Gebiet der Deutschen Demokratischen Republik zwischen den Grenzübergängen ohne Verkehrshalt; auf bestimmten, in den öffentlichen Fahrplänen kenntlich gemachten Grenzbahnhöfen der Deutschen Demokratischen Republik kann das Zu- beziehungsweise Aussteigen von Reisenden, die nicht Transitreisende sind, gestattet werden. Die Halte an den Grenzübergängen sowie eventuelle Betriebshalte werden auf das notwendige Maß beschränkt.

2. Die Kontrollverfahren durch die zuständigen Organe der Deutschen Demokratischen Republik umfassen außer der Identifizierung von Personen keine anderen Formalitäten. Die Kontrolle der Reisenden erfolgt, von Ausnahmen abgesehen, die sich aus der Anwendung der Bestimmungen dieses Abkommens ergeben, im Zuge.

3. Die Transitreisenden dürfen durchgehende Züge nur nach Aufforderung oder mit Genehmigung der zuständigen Organe der Deutschen Demokratischen Republik sowie bei außergewöhnlichen Ereignissen wie Unfällen, Betriebsstörungen oder Naturkatastrophen verlassen. Die zuständigen Organe der Deutschen Demokratischen Republik sind berechtigt, in diesen Fällen die Identität der Reisenden nachzuprüfen.

4. Verläßt ein Transitreisender den durchgehenden Zug aus anderen als in Ziffer 3 genannten Gründen, so unterliegen dieser Reisende und sein Gepäck ebenfalls den entsprechenden Bestimmungen des Artikels 16 dieses Abkommens.

Artikel 16

1. Ein Mißbrauch im Sinne dieses Abkommens liegt vor, wenn ein Transitreisender nach Inkrafttreten dieses Abkommens während der jeweiligen Benutzung der Transitwege rechtswidrig und schuldhaft gegen die allgemein üblichen Vorschriften der Deutschen Demokratischen Republik bezüglich der öffentlichen Ordnung verstößt, in dem er

a) Materialien verbreitet oder aufnimmt;
b) Personen aufnimmt;
c) die vorgesehenen Transitwege verläßt, ohne durch besondere Umstände, wie Unfall oder Krankheit, oder durch Erlaubnis der zuständigen Organe der Deutschen Demokratischen Republik dazu veranlaßt zu sein;
d) andere Straftaten begeht oder
e) durch Verletzung von Straßenverkehrsvorschriften Ordnungswidrigkeiten begeht.

Ein Mißbrauch liegt auch dann vor, wenn eine Person an der Mißbrauchshandlung eines Transitreisenden, die dieser nach Inkrafttreten dieses Abkommens während der jeweiligen Benutzung der Transitwege rechtswidrig und schuldhaft begeht oder begangen hat, als Mittäter, Anstifter oder Gehilfe teilnimmt.

2. Hinreichende Verdachtsgründe im Sinne dieses Abkommens liegen vor, wenn im gegebenen Falle auf Grund bestimmter Tatsachen oder konkreter Anhaltspunkte eine gewisse Wahrscheinlichkeit besteht, daß ein Mißbrauch der Transitwege für die obengenannten Zwecke beabsichtigt ist, begangen wird oder begangen worden ist.

Im Falle hinreichenden Verdachts eines Mißbrauchs werden die zuständigen Organe der Deutschen Demokratischen Republik die Durchsuchung von Reisenden, der von ihnen benutzten Transportmittel sowie ihres persönlichen Gepäcks nach den allgemein üblichen Vorschriften der Deutschen Demokratischen Republik bezüglich der öffentlichen Ordnung durchführen oder die Reisenden zurückweisen.

3. Bestätigt sich der Verdacht, so werden die zuständigen Organe der Deutschen Demokratischen Republik im angemessenen Verhältnis zur Schwere der Mißbrauchshandlung entsprechend den allgemein üblichen Vorschriften der Deutschen Demokratischen Republik bezüglich der öffentlichen Ordnung

a) einen Verweis oder eine Ordnungsstrafe oder eine Verwarnung mit Ordnungsgeld aussprechen oder Gegenstände einziehen;
b) Gegenstände sicherstellen oder beschlagnahmen;
c) Personen zurückweisen oder zeitweilig von der Benutzung der Transitwege ausschließen oder
d) Personen festnehmen.

4. Bei Straftaten können die in Ziffer 3 genannten Maßnahmen auch dann getroffen werden, wenn die Straftaten bei einer früheren Benutzung der Transitwege begangen wurden.

5. Über Maßnahmen im Sinne der Ziffer 3 werden dem Betroffenen die nach den allgemein üblichen Vorschriften der Deutschen Demokratischen Republik bezüglich der öffentlichen Ordnung vorgesehenen Dokumente ausgehändigt. Sind Gegenstände beschlagnahmt, sichergestellt oder eingezogen worden, so ist dem Betroffenen ein Verzeichnis der Gegenstände zu übergeben.

Über Festnahmen, den Ausschluß von Personen von der Benutzung der Transitwege und Zurückweisungen sowie über die dafür maßgebenden Gründe werden die zuständigen Organe der Deutschen Demokratischen Republik alsbald die zuständigen Behörden der Bundesrepublik Deutschland unterrichten.

6. Wenn eine Mißbrauchshandlung entdeckt worden ist, nachdem der dafür verantwortliche Reisende die Transitstrecken der Deutschen Demokratischen Republik verlassen hat, so können die zuständigen Organe der Deutschen Demokratischen Republik die zuständigen Behörden der Bundesrepublik Deutschland über die Mißbrauchshandlung, die Beweismittel und die Person des Beschuldigten unterrichten. Die zuständigen Behörden der Bundesrepublik Deutschland werden die den allgemein üblichen Vorschriften der Bundesrepublik Deutschland bezüglich der öffentlichen Ordnung entsprechenden Maßnahmen treffen und können die zuständigen Organe der Deutschen Demokratischen Republik darüber unterrichten.

Artikel 17

Die Regierung der Bundesrepublik Deutschland wird im Rahmen ihrer Möglichkeiten die erforderlichen Vorkehrungen treffen, damit ein Mißbrauch der Transitwege im Sinne von Artikel 16 dieses Abkommens verhindert wird.

Die Regierung der Bundesrepublik Deutschland wird insbesondere Sorge dafür tragen, daß

a) die am Transitverkehr beteiligten Personen und Unternehmen in geeigneter Weise über die Bestimmungen dieses Abkommens informiert werden;
b) die zuständigen Behörden der Bundesrepublik Deutschland, wenn sie von einem beabsichtigten Mißbrauch der Transitwege Kenntnis erhalten, im Rahmen der allgemein üblichen Vorschriften der Bundesrepublik Deutschland bezüglich der öffentlichen Ordnung geeignete Maßnahmen zur Verhinderung des Mißbrauchs treffen werden;
c) der Grenzübertritt von Transportmitteln dann nicht gestattet wird, wenn die Transportmittel offensichtlich nicht betriebs- oder verkehrssicher sind.

Artikel 18

1. Abgaben, Gebühren und andere Kosten, die den Verkehr auf den Transitwegen betreffen, einschließlich der Instandhaltung der entsprechenden Wege, Ein-

erfolglos diskutiert worden war, gaben am 18. Juni 1948 die westlichen Alliierten die für die Westzonen ab 20. Juni 1948 wirksame separate Währungsreform bekannt; die Berliner Westsektoren sollten nicht einbezogen werden. Es setzten zwar scharfe Kontrollen und Behinderungen, aber noch keine Blockade ein. Nachdem sich die Finanzexperten der vier Mächte nicht über eine oder zwei Währungen in Berlin einigten, verfügten die Sowjets die Gültigkeit ihrer Währung auch in den Westsektoren. Daraufhin dehnten die Westmächte ihre Währungsreform am 23. Juni 1948 auf ihre Berliner Sektoren aus. In der folgenden Nacht sperrten die Sowjets den gesamten Personen- und Güterverkehr, Lebensmittel- und Stromlieferungen blieben aus. Am 24. Juni 1948 setzte die westliche Gegenblockade ein: Die Bizone lieferte weder Kohle noch Stahl in die Ostzone [1].

Die so genannten Schutzmaßnahmen der SMAD – eben die Berliner Blockade, mit der sich die trennende Wirkung der Demarkationslinie und der Sektorengrenzen besonders gravierend auswirkte – waren nur so lange gerechtfertigt, bis auch in der SBZ eine Währungsreform durchgeführt worden war, um das Einfließen der alten, wertlosen Reichsmark in die Ostzone zu verhindern. Überstürzt fand am 24. Juni 1948 im Osten eine Reform statt, bei der mangels neuer Geldscheine die alten Noten mit einem aufgeklebten Coupon verwendet werden mußten („Coupon-Mark"), bis im September 1948 neue Banknoten ausgegeben wurden [1]. Die „technischen Schwierigkeiten", mit denen die Sowjets offiziell die Blockade begründeten, sollten nach Marschall Sokolowski so lange dauern, bis die Pläne für einen westdeutschen Separatstaat begraben worden seien.

Aber die Blockade dauerte weiterhin an und wurde zum Politikum. Auf der Basis des am 4. Mai 1949 in New York unterzeichneten „Vier-Mächte-Abkommens betreffend die Beendigung der Blockade Berlins" legten Vertreter beider Bahnverwaltungen unter Teilnahme der Besatzungsmächte am 11. Mai 1949 in Helmstedt die Grundsätze für den Zugverkehr zwischen DR und DB und nach West-Berlin fest („Helmstedter Abkommen"). Prinzipiell sollte wieder alles so sein, wie es vor dem 1. März 1948 bestanden hatte, doch es gab Ausnahmen. Am 12. Mai 1949 fuhren wieder die ersten Interzonenzüge und über die Autobahn die ersten Lkw-Kolonnen. Das „Helmstedter Abkommen" war mehr als zwanzig Jahre Grundlage des Bahnverkehrs zwischen den im Herbst 1949 gebildeten beiden deutschen Staaten.

Kurze Zeit nach Wiederaufnahme des Betriebes wurden noch einmal alle Signale auf „Halt" gestellt, weil in Berlin zehntausende Eisenbahner streikten: Seit 20. März 1949 galt in den Westsektoren nur die D-Mark West als einziges Zahlungsmittel. Die DR nahm seit 7. April 1949 unabhängig vom Sektor neben Ost- auch Westgeld an. In einer Stadt sorgten zwei Währungen mit unterschiedlicher Kaufkraft und unterschiedlichem Angebot an Konsum- und Investitionsgütern immer wieder für Probleme und Spannungen. Gerade die bei der DR tätigen, aber in den Westsektoren wohnenden Eisenbahner wurden immer noch in D-Mark Ost entlohnt, obwohl sie Mieten, Gas, Strom usw. in D-Mark West zahlen mussten. Bereits im Oktober 1948 hatte sich ein Kurs von 1:4 eingependelt, sodass der Geldverfall diesen Personenkreis besonders betraf. Um ihren Forderungen Nachdruck zu verleihen, rief die „Unabhängige Gewerkschaftsorganisation" (UGO), die sich 1948 von dem vom Osten gelenkten „Freien Deutschen Gewerkschaftsbund" (FDGB) abgespalten hatte, zum Streik am 21. Mai 1949 auf. Obwohl erst wenige diesem Aufruf folgten und der Verkehr normal weiterlief, kam schließlich durch massive Proteste und Zerstörungen auf dem Bahngelände der S-Bahn-Verkehr ebenso wie der eben erst geregelte Interzonenverkehr in den Westsektoren zum Erliegen. Dieser in der ostzonalen Geschichtsschreibung als „UGO-Putsch" bezeichnete Streik ging nach 38 Tagen zu Ende. Erst am 28. Juli 1949 sicherte die DR zu, die in den Westsektoren wohnenden Eisenbahner zumindest teilweise in D-Mark West zu entlohnen; die westlichen Alliierten wiesen den West-Berliner Magistrat an, die fehlenden 40 Prozent im Verhältnis von 1:1 umzutauschen.

Fortsetzung Seite 15

Seite 13–14:
Auszug aus dem Verkehrsvertrag DDR/BRD vom 26. Mai 1972 mit den Bestimmungen über den Eisenbahnverkehr.
Slg. Kuhlmann

Vertrag zwischen der Deutschen Demokratischen Republik und der Bundesrepublik Deutschland über Fragen des Verkehrs

26. Mai 1972

Die Deutsche Demokratische Republik

und

die Bundesrepublik Deutschland

sind,

in dem Bestreben, einen Beitrag zur Entspannung in Europa zu leisten und normale gutnachbarliche Beziehungen beider Staaten zueinander zu entwickeln, wie sie zwischen voneinander unabhängigen Staaten üblich sind,

geleitet von dem Wunsch, Fragen des grenzüberschreitenden Personen- und Güterverkehrs beider Vertragsstaaten in und durch ihre Hoheitsgebiete zu regeln,

übereingekommen,

diesen Vertrag abzuschließen:

I. Allgemeine Bestimmungen

Artikel 1

1. Gegenstand des Vertrages ist der gegenseitige Wechsel- und Transitverkehr auf Straßen, Schienen- und Wasserwegen mit Transportmitteln, die im Geltungsbereich dieses Vertrages zugelassen oder registriert sind — im folgenden Verkehr genannt.

Die innerstaatlichen Rechtsvorschriften über die Benutzung bestimmter Transportmittel bleiben unberührt.

2. Die Vertragsstaaten verpflichten sich, den Verkehr in und durch ihre Hoheitsgebiete entsprechend der üblichen internationalen Praxis auf der Grundlage der Gegenseitigkeit und Nichtdiskriminierung in größtmöglichem Umfang zu gewähren, zu erleichtern und möglichst zweckmäßig zu gestalten.

Artikel 2

Der Verkehr unterliegt dem Recht desjenigen Staates, in dessen Gebiet er durchgeführt wird, soweit dieser Vertrag nichts anderes bestimmt.

II. Eisenbahnverkehr

Artikel 10

1. Im Eisenbahnverkehr werden die Fahrpläne der Regel- und Bedarfszüge, die Zugbildung und die Wagengestellung für Reisezüge unter Berücksichtigung des Verkehrsaufkommens auf den internationalen Fahrplankonferenzen oder zwischen den zuständigen zentralen Stellen der Vertragsstaaten vereinbart.

2. Bei außergewöhnlich umfangreichem Verkehrsaufkommen wird im Rahmen der betrieblichen Möglichkeiten der Eisenbahnen der Einsatz zusätzlicher Züge vereinbart.

Artikel 11

1. Für die Beförderung von Reisenden und Gepäck gelten das Internationale Übereinkommen über den Eisenbahn-Personen- und -Gepäckverkehr (CIV) und seine Zusatzabkommen.

2. Für die Beförderung von Frachtgut gelten das Internationale Übereinkommen über den Eisenbahnfrachtverkehr (CIM) und seine Zusatzabkommen.

Artikel 12

1. Grenzstrecke im Sinne dieses Vertrages ist der Abschnitt einer durchgehenden Bahnlinie — einschließlich an ihr liegender Betriebsdienststellen von untergeordneter Bedeutung — zwischen den jeweiligen Grenzbahnhöfen der Vertragsstaaten. Auf diesen Strecken gelten im Gebiet jedes Vertragsstaates dessen Rechtsvorschriften. Das gilt auch für die Betriebsvorschriften der Eisenbahnen. Ausnahmen können vereinbart werden.

2. Jede Eisenbahnverwaltung unterhält, wartet und erneuert die Eisenbahnanlagen und -einrichtungen auf ihren Strecken. Soweit Ausnahmen nicht in diesem Vertrag geregelt sind, können sie vereinbart werden.

3. Die zuständigen zentralen Stellen der Vertragsstaaten informieren sich gegenseitig über beabsichtigte Veränderungen an den Anlagen und in der Technologie auf den Grenzstrecken und Grenzbahnhöfen, soweit diese Auswirkungen auf die Abwicklung des Verkehrs haben.

4. Die Eisenbahnverwaltungen stimmen den Zeitpunkt von Unterhaltungs-, Wartungs- oder Erneuerungsarbeiten auf den Grenzstrecken ab, wenn sich Auswirkungen auf den Verkehr ergeben können.

5. Die Eisenbahnverwaltungen vereinbaren die Unterhaltung, Wartung oder Erneuerung ihrer Sicherungs- und Fernmeldeanlagen, die sich auf dem Gebiet des anderen Vertragsstaates befinden.

6. Die zwischen den Betriebsstellen der Eisenbahnen beider Vertragsstaaten bestehenden Fernmeldeleitungen dürfen nur für eisenbahndienstliche Mitteilungen benutzt werden. Diese Leitungen dürfen nicht mit dem bahneigenen oder öffentlichen Netz verbunden sein.

7. Einzelfragen der Durchführung des Eisenbahnverkehrs auf den Grenzstrecken werden gesondert vereinbart.

Artikel 13

1. Die Ausweise für das Fahr- und Zugbegleitpersonal werden gegenseitig anerkannt.

2. Die Beschäftigten der Eisenbahnverwaltungen, die auf dem Gebiete des anderen Vertragsstaates eingesetzt sind, müssen ihre Dienstuniform tragen. Sie haben die Dienstvorschriften der anderen Eisenbahnverwaltung einzuhalten. Sie sind berechtigt, die für die Ausübung ihrer Tätigkeit erforderlichen Ge- und Verbrauchsgegenstände abgaben- und gebührenfrei mit sich zu führen. Auf den Grenzbahnhöfen werden ihnen Ruheräume zur Verfügung gestellt. Erforderlichenfalls wird ihnen medizinische Hilfe geleistet.

Artikel 14

1. Die Deutsche Demokratische Republik gestattet die Durchführung des Güterverkehrs der Deutschen Bundesbahn nach und von Heringen/Werra (Bundesrepublik Deutschland) durch ihr Gebiet auf den Strecken der Deutschen Reichsbahn zwischen Gerstungen und Dankmarshausen, soweit dieser Verkehr die Kaliproduktion in diesem Raum betrifft. Die kommerziellen und betriebstechnischen Bedingungen für diesen Verkehr werden gesondert vereinbart.

2. Kalitransporte aus Heringen/Werra für die Deutsche Demokratische Republik oder im Transit durch deren Gebiet in dritte Staaten werden auf direktem Wege dem Grenzbahnhof Gerstungen zugeführt. Die Grenzabfertigung in Gerstungen erfolgt in der gleichen Weise wie bei Sendungen, die die Grenzübergänge Bebra (Bundesrepublik Deutschland) / Gerstungen (Deutsche Demokratische Republik) passieren.

1. Die Deutsche Demokratische Republik gestattet die Durchführung des Eisenbahnverkehrs der Deutschen Bundesbahn nach und von dem Bahnhof Obersuhl (Bundesrepublik Deutschland) über einen Grenzstreckenabschnitt durch ihr Gebiet. Die Gestattung umfaßt die unentgeltliche Nutzung des für die Strecke, die Hochbauten und Nebeneinrichtungen erforderlichen Geländes. Dieser Streckenabschnitt der Deutschen Reichsbahn wird von der Deutschen Bundesbahn auf ihre Kosten gewartet und unterhalten. Der Verkehr über die Grenzübergänge Gerstungen/Bebra darf dadurch nicht beeinträchtigt werden.

2. Die Deutsche Demokratische Republik gestattet die Durchführung des Eisenbahnverkehrs der Deutschen Bundesbahn zwischen den Bahnhöfen Schwebda (Bundesrepublik Deutschland) und Heldra (Bundesrepublik Deutschland) über einen Grenzstreckenabschnitt durch ihr Gebiet zu den gleichen Bedingungen, die in Ziffer 1 vereinbart sind.

Artikel 16

Die Bundesrepublik Deutschland gestattet die Durchführung des Eisenbahnverkehrs der Deutschen Reichsbahn auf dem zweigleisigen Abschnitt der Strecke Wartha/Werra (Deutsche Demokratische Republik) — Gerstungen durch ihr Gebiet. Dieser Streckenabschnitt wird von der Deutschen Reichsbahn auf ihre Kosten und mit ihren Beschäftigten betrieben, gewartet und unterhalten. Die Gestattung umfaßt die unentgeltliche Nutzung des für die Strecke, die Hochbauten und Nebeneinrichtungen erforderlichen Geländes.

Der Berlin-Konflikt – sowohl die Blockade der Westsektoren durch die Sowjetunion als auch der durch die Währungsstreitigkeiten ausgelöste UGO-Streik – hatte symbolischen und damit grundsätzlichen Charakter: Denn das sowjetische Ziel, den aus der Bi- bzw. Trizone hervorgehenden westdeutschen Staat zu verhindern, wurde genau ins Gegenteil verkehrt. Die Bemühungen, eine Bundesrepublik Deutschland zu gründen, nahmen unter dem politischen und wirtschaftlichen Druck nur noch zu [1]. Am 15. September 1949 wählte der erste Bundestag Konrad Adenauer zum Bundeskanzler der Bundesrepublik Deutschland (BRD). Am 7. Oktober 1949 wurde in der SBZ die Deutsche Demokratische Republik (DDR) ausgerufen.

Die DDR grenzte sich ab

Trotz der einsetzenden Bemühungen der DDR, sich vom Westen abzugrenzen, gab es auf regionaler Ebene viele Ausnahmen und vielfältige Formen der Zusammenarbeit über die Demarkationslinie hinweg. Noch bis zum 30. Mai 1952 arbeiteten ostdeutsche Bergarbeiter in den westdeutschen Kali-Schächten um Philippsthal und gar bis 1961 westdeutsche Arbeiter in den ostdeutschen Schieferbrüchen um Lehesten. Vielerorts bestand „kleiner Grenzverkehr" über Schiene und/oder Straße, der sich leicht für private Zwecke für eine große Reise ausnutzen ließ, falls dies über die „Flüsterpropaganda" bekannt war, wie z. B. in Lübeck – Herrnburg, Hof (Saale) – Gutenfürst.

Nach dem am 1. Mai 1950 erlassenen neuen Zollgesetz der DDR wurden rund um Berlin für Schiene und Straße Kontrollpassierpunkte (KPP) eingerichtet, auf denen wie auch an der westlichen Grenze das Einhalten des Gesetzes überprüft wurde. Am 15. Dezember 1950 verabschiedete die DDR das Gesetz zum Schutz des Friedens, mit dem die Staatsgewalt eine „rechtliche Grundlage" besitzen wollte, um gegen „äußere Feinde", aber auch gegen innere Störer vorgehen zu können. Zugleich wurde damit das ab 1. Juni 1952 geltende Einreiseverbot für Einwohner der Berliner Westsektoren in die DDR vorbereitet.

Im Vorfeld der KPP „filzten" die Zugbegleitkommandos (ZBK) der Transportpolizei die Reisezüge nach und von Berlin nach verdächtigen Personen, die über West-Berlin aus der DDR ausreisen oder dort Tauschgeschäfte machen wollten oder gemacht hatten. Wer seinen Aufenthalt in Berlin nicht belegen oder begründen konnte und vielleicht noch in der DDR rare Artikel mit sich führte, wurde verhört, eventuell verhaftet und wieder mit einem Zug in die DDR abgeschoben sowie die mitgeführten Waren beschlagnahmt. Solche berüchtigten Kontrollbahnhöfe für den Reiseverkehr aus dem Norden und Süden der DDR waren insbesondere Schönefeld (b Bln) (heute Flughafen Berlin-Schönefeld) und Schönfließ.

Um „Sabotage- und Störversuche durch illegalen Warenhandel und Schmuggel mit Devisen und Zahlungsmitteln" zu verhindern, bildete am 1. September 1951 die DDR das „Amt für Zoll und Kontrolle des Warenverkehrs" (AZKW), das die bisherigen Aufgaben der Grenzpolizei an der Grenze zur BRD und nach West-Berlin übernahm. (Aus dem AZKW ging dann 1962 die Zollverwaltung der DDR hervor.)

Mit dem Gesetz zum Schutz des innerdeutschen Handels vom 4. Februar 1952 verbot die DDR, Gütertransporte im Binnenverkehr über westdeutsches und West-Berliner Gebiet zu leiten. Das wirkte sich besonders in Berlin aus, weil das gesamte Güterzugnetz verändert werden musste, um diese Forderung zu erfüllen (bei der DR deshalb zugleich Fahrplanwechsel). Es war auch ein Anlass, den im Bau befindlichen Berliner Außenring (BAR) beschleunigt fortzuführen.

Mit den am 26. Mai 1952 von der DDR beschlossenen „Maßnahmen an der Demarkationslinie zwischen der DDR und den westlichen Besatzungszonen Deutschlands" begann die systematische Abgrenzung zwischen beiden deutschen Staaten. Das Ministerium für Staatssicherheit (MfS), dem seit 16. Mai 1952 die „Deutsche Grenzpolizei" (DGP) unterstand, legte fest, unmittelbar an der Demarkationslinie einen zehn Meter breiten und gerodeten Kontrollstreifen mit doppeltem Stacheldrahtzaun, einen anschließenden 500 Meter breiten Schutzstreifen und eine 5.000 Meter breite Sperrzone einzurichten, in die nur mit zusätzlichem Passierschein eingereist werden durfte. Waffengewalt wurde bereits dem angedroht, der außerhalb der Kontrollpunkte die Demarkationslinie überschreiten wollte.

Der bisher geduldete kleine Grenzverkehr musste eingestellt werden, der bisherige Durchgangsverkehr auf der Schiene über westdeutsches Gebiet wurde unterbrochen, wie z. B. Lübeck – Herrnburg (kleiner Grenzverkehr), Oebisfelde – Weferlingen – Helmstedt (für Lokleerfahrten DB), Mühlhausen – Wendehausen – Treffurt (Durchgangsverkehr DR), Bebra – Gerstungen – Philippsthal (Personen- und Güterverkehr DB), Wartha (Werra) – Gerstungen (Personenverkehr DR), Vacha – Philippsthal – Gerstungen (Güterverkehr DR), Vacha – Unterbreizbach – Wenigentaft-Mansbach – Motzlar (Rhön) (Betriebseinstellung DR wegen Neubaustrecke Vacha – Sünna – Unterbreizbach), Neustadt (b Coburg) – Sonneberg (Thür) (bereits 1951 eingestellt), Pressig-Rothenkirchen – Tettau (Güterverkehr DB), Probstzella – Ludwigsstadt – Lehesten (Güterverkehr DR bereits 1951 eingestellt), Gutenfürst – Hof (Saale) (kleiner Grenzverkehr).

Die Absicht, eine Mauer zu bauen, leugnete die DDR-Führung bis zuletzt. Bereits 1955 soll Ulbricht geplant haben, schlagartig die noch offene Grenze zu West-Berlin zu schließen und in der DDR alle Geldscheine umzutauschen. Der West-Berliner Sender RIAS (Rundfunk im amerikanischen Sektor) berichtete über dieses Vorhaben, und die DDR dementierte wie üblich in solchen Fällen. Trotzdem fand am 13. Oktober 1957 in der DDR ein Geldumtausch statt, bei dem 1955 gedruckte Banknoten ausgegeben worden waren. 1958 plante die DDR die Operation „Chinesische Mauer“, der die Sowjetunion angesichts der erneuten Berlin-Krise nicht zustimmte [2]. Chruschtschow wollte damals mit seinem Ultimatum West-Berlin in eine entmilitarisierte „Freie Stadt“ verwandeln, weil sich ganz Berlin auf dem Territorium der DDR befinden würde. Selbst am 28./29. März 1961 erhielt Ulbricht vom politischen beratenden Ausschuss des Warschauer Vertrages (Militärpakt der Sowjetunion und ihrer Verbündeten) keine Zustimmung, die Berlin-Frage in seinem Sinne zu lösen [3]. Noch am 15. Juni 1961 erklärte Ulbricht auf einer Pressekonferenz: „Niemand hat die Absicht, eine Mauer zu errichten!“

Erst die Konferenz der kommunistischen Parteichefs des Warschauer Vertrages vom 3. bis 5. August 1961 gab schließlich grünes Licht für den Mauerbau. Chruschtschow selbst soll dazu den Befehl gegeben haben, um den ökonomischen Zusammenbruch der DDR zu verhindern.

Wer der DDR den Rücken kehren wollte, konnte dies bis August 1961 in Berlin mit einer S-Bahn-Fahrkarte und brauchte sich nicht den gefahrvollen Weg durch die seit 1952 von der Deutschen Grenzpolizei bewachte „grüne Grenze“ bahnen. Die auf Abgrenzung bedachte DDR schloss am 13. August 1961 dieses letzte Schlupfloch. Im Westen hatte man mit Maßnahmen der DDR gerechnet, aber die Möglichkeit verdrängt, dass West-Berlin vollständig vom Osten abgeriegelt werden könnte. Walter Ulbricht übertrug Erich Honecker, damals Sekretär des Zentralkomitees (ZK) und Politbüromitglied, die Vorbereitung und Durchführung dieser Aktion. Zunächst sperrten Posten der Volkspolizei, der Kampfgruppen und der Nationalen Volksarmee (NVA) West-Berlin ab. Dann entstanden Stacheldrahtzäune entlang der Sektorengrenze, die in den folgenden Wochen durch Mauern ersetzt wurden. Mit dem pioniermäßigen Ausbau der Sperranlagen wurden sie schließlich zur „modernen Grenze“.

Es gab nur wenige leitende Angestellte der DR, die in diese Ereignisse vorher eingeweiht waren, insgesamt sollen es fünf gewesen sein: unter anderem der Minister für Verkehrswesen Erwin Kramer, der damalige Präsident der Reichsbahndirektion Berlin Otto Arndt. Nicht informiert war der Vizepräsident für die S-Bahn Friedrich Kittlaus, weil er parteilos war und in West-Berlin wohnte [4]. Die DDR perfektionierte dann von Jahr zu Jahr das Grenzregime, das gerade den Bahnverkehr zwischen beiden deutschen Staaten in einem bisher nicht gekannten Ausmaß betraf. Jetzt wurden (die zeitweiligen) „Grenzbahnhöfe“ zu Festungen!

Fortsetzung Seite 24

**Seiten 17–23:
Auszüge aus der „Dienstvorschrift zur Durchführung des Eisenbahnverkehrs zwischen der DDR und der BRD“, DV 523, Teilheft (Th.) 1: Ergänzungen zum Eisenbahn-Grenzübereinkommen.
Slg. Kuhlmann**

0.6. Dieses Teilheft ist dem beteiligten, als Geheimnisträger verpflichteten Personenkreis in den zentralen Staatsorganen, in den zentralen Dienststellen der Deutschen Reichsbahn sowie in den Reichsbahndirektionen und Reichsbahnämtern und den Leitern der örtlichen Dienststellen der Hauptdienstzweige nach besonderem Verteilerplan persönlich zuzuteilen. Für die Unterrichtung der weiteren Beteiligten gilt Abschn. 1.1.3.

1.1.3. Für jeden Eisenbahngrenzübergang und für die am Eisenbahngrenzverkehr beteiligten Bereiche der einzelnen Leitungsebenen sind Dienstanweisungen herauszugeben, in denen die für den grenzüberschreitenden Verkehr zutreffenden Bestimmungen zusammengefaßt sind.
In diese Dienstanweisungen sind, jeweils auf die Örtlichkeit und Leitungsebene bezogen, die Bestimmungen des Eisenbahngrenzübereinkommens und der dazu erlassenen Ausführungsbestimmungen zu übernehmen, die den beteiligten Eisenbahnern für die Ausübung ihres Dienstes bekannt sein müssen. Diese Bestimmungen sind durch ergänzende örtliche Regelungen zu vervollständigen.

Zur Sicherung der Information der nach der DV 523 und diesem Teilheft meldepflichtigen Ereignisse sind in die Dienstanweisungen Meldepläne aufzunehmen. Die ergänzenden örtlichen Regelungen und die Meldepläne sind mit den zuständigen Dienststellen der Kontroll- und Sicherheitsorgane abzustimmen.

1.2.2. Verstöße gegen die Grenzordnung bzw. Vorkommnisse, die die Sicherheit und Ordnung an der Staatsgrenze, im Grenzgebiet oder auf dem Grenzbahnhof gefährden oder stören bzw. gefährden oder stören könnten, sind unverzüglich dem zuständigen Kommandanten der Grenztruppen der Deutschen Demokratischen Republik zu melden (der Meldeweg ist im Meldeplan festzulegen).

1.2.3. Bei Vorkommnissen mit dem Verdacht einer Straftat oder einer Ordnungswidrigkeit auf einem Grenzbahnhof sind unverzüglich die zuständigen Dienststellen der Kontroll- und Sicherheitsorgane entsprechend den mit diesen abgestimmten Meldeplänen zu verständigen.

1.2.4. Werden Verstöße bzw. Vorkommnisse nach Abschn. 1.2.2. bzw. 1.2.3. von Beschäftigten anderer Dienststellen der Deutschen Reichsbahn festgestellt, haben sie diese unverzüglich an den Fahrdienstleiter bzw. die Aufsicht des Grenzbahnhofes zu melden.
Hinsichtlich des Führens von Aufschreibungen und hinsichtlich der Information des Ministeriums für Verkehrswesen, Hauptverwaltung des Betriebs- und Verkehrsdienstes der Deutschen Reichsbahn, gilt:
Die Leiter der Grenzbahnhöfe haben Aufschreibungen zu führen, aus denen Angaben ersichtlich sein müssen über
- die Anzahl der Vorkommnisse
- den Namen des Meldenden
- ggf. die Zugnummer und das Eigentumsmerkmal sowie die Nummern der Fahrzeuge und
- die eingeleiteten Maßnahmen.

Diese Aufschreibungen sind als Vertrauliche Dienstsache zu behandeln. Über Häufungen derartiger Vorkommnisse ist das Ministerium für Verkehrswesen, Hauptverwaltung des Betriebs- und

Verkehrsdienstes der Deutschen Reichsbahn, über das Meldesystem des Diensthabenden zu informieren.

1.2.5. Die an der Durchführung des grenzüberschreitenden Verkehrs beteiligten Beschäftigten der Deutschen Reichsbahn sind verpflichtet, darauf Einfluß zu nehmen, daß derartige Ereignisse verhindert werden. Hieraus ergibt sich, daß von der Bundesbahn zu erwartende Züge nicht angenommen werden dürfen, wenn nach einer vorliegenden Information anzunehmen ist, daß durch die Annahme dieser Züge die Sicherheit und Ordnung gefährdet oder gestört wird.

1.2.6. Erhalten die Zugpersonale der Deutschen Reichsbahn auf den Grenzbahnhöfen der Bundesbahn Kenntnis von Erscheinungen und Situationen, nach denen anzunehmen ist, daß von den zu übernehmenden Zügen Gefährdungen der Sicherheit und Ordnung ausgehen, ist die Übernahme der Züge zu verweigern. Es sind alle Möglichkeiten zu nutzen, den Grenzbahnhof davon zu unterrichten.

1.2.7. Nach den abgestimmten Meldeplänen sind alle beteiligten Stellen bis zur Hauptdispatcherleitung zu verständigen, wenn

- derartige Annahmeverweigerungen notwendig geworden sind
- ergänzende Informationen dazu bekannt werden
- von der Bundesbahn eine Bestätigung darüber eingeht, daß durch die Übernahme des Zuges die Sicherheit und Ordnung nicht mehr gefährdet wird.

Die Annahme des Zuges darf erst erfolgen, wenn hierzu ein Auftrag der Hauptdispatcherleitung vorliegt. Der Kommandant der Grenzübergangsstelle ist nach Vorliegen der Entscheidung über die Annahmeverweigerung eines Zuges unverzüglich zu informieren.

1.2.8. Werden die im Abschn. 1.2.5. genannten Erscheinungen und Situationen erst bekannt, nachdem der zu übernehmende Zug den Grenzbahnhof der Bundesbahn bereits verlassen hat, ist dem Kommandanten der Grenzübergangsstelle unverzüglich eine entsprechende Meldung zu erstatten. Alle durchzuführenden betrieblichen Handlungen sind mit ihm abzustimmen. Zur Gewährleistung von Sicherheit und Ordnung erforderliche Weisungen des Kommandanten sind auszuführen. Alle beteiligten Stellen bis zur Hauptdispatcherleitung sind nach den abgestimmten Meldeplänen zu verständigen.

1.5.1. Durch die Leiter der Dienststellen und Amtsvorstände der Reichsbahnämter ist sicherzustellen, daß die im grenzüberschreitenden Verkehr tätigen Beschäftigten in politisch-ideologischer als auch in fachlicher Hinsicht planmäßig und zielstrebig angeleitet, geschult und betreut werden.

Die an der Vorbereitung und Durchführung des grenzüberschreitenden Verkehrs beteiligten Eisenbahner sind über diese Dienstvorschrift und über die für sie gültigen Dienstanweisungen in dem Umfang zu unterrichten, wie es ihr Aufgabenbereich erfordert. Diese Unterrichtung, die in den Monaten April und Oktober eines jeden Jahres zu wiederholen ist, ist aktenkundig zu machen. Die für den Grenzübergang zuständige Reichsbahndirektion regelt auch die Unterrichtung der beteiligten Zugpersonale der Deutschen Reichsbahn, die auf dem Grenzübergang bei der Zugförderung zum Einsatz kommen.

1.5.2. Bestimmungen, die auf Grund der in ihnen enthaltenen Festlegungen nur den Beschäftigten zugänglich zu machen sind, die diese Bestimmungen zur Ausübung ihres Dienstes benötigen, sind als Anlagen bzw. Anhänge in die Dienstanweisungen aufzunehmen.

Hierunter fallen beispielsweise

- die Anweisung zum Bedienen der Eisenbahn-Sicherungsanlagen
- die Ordnung zum Betreten des Eisenbahngrenzübergangs und
- die Ordnung über die Abmeldung (Fertigmeldung) der Reise- und Güterzüge.

Derartige Anlagen und Anhänge sind entsprechend ihrem Geheimhaltungsgrad zu kennzeichnen und zu behandeln.

1.5.3. Die Präsidenten der Reichsbahndirektionen, die Amtsvorstände der Reichsbahnämter und die Leiter der beteiligten Dienststellen haben zu sichern, daß die Beschäftigten ihres Verantwortungsbereiches die im Verkehrsvertrag, im Eisenbahngrenzübereinkommen, in dieser Dienstvorschrift und in den jeweiligen Dienstanweisungen getroffenen Festlegungen einhalten.

1.5.4. Die Eisenbahner der Deutschen Reichsbahn, die die Staatsgrenze in Ausübung ihres Dienstes überqueren, erhalten die hierfür erforderlichen Dokumente, die den Kontroll- und Sicherheitsorganen der Deutschen Demokratischen Republik und auf Verlangen auch den Kontrollorganen der Bundesrepublik Deutschland vorzuweisen sind. Diese Eisenbahner müssen auch auf dem Territorium der Bundesrepublik Deutschland ihre Dienstuniform tragen.

1.5.5. Werden die für den Eisenbahngrenzverkehr geltenden Bestimmungen durch die Bundesbahn oder deren Beschäftigte nicht eingehalten, ist unverzüglich der Leiter bzw. der Fahrdienstleiter des Grenzbahnhofes zu verständigen. Werden derartige Feststellungen auf dem Grenzbahnhof der Bundesbahn oder auf

2.10. Zu § 6 Abs. 5

2.10.1. Der Grenzbahnhof hat unverzüglich die Dispatcherleitung zu verständigen, wenn der Ausfall von Zügen oder das Verkehren von Bedarfszügen durch die Bundesbahn angekündigt wird. Die Dispatcherleitung hat dafür Sorge zu tragen, daß in den Fällen, in denen die Deutsche Reichsbahn zugfördernd ist, innerhalb von sechs Stunden die Gestellung der erforderlichen Triebfahrzeuge und Zugbegleitpersonale geregelt wird.

2.10.2. Ausfallende Züge und einzulegende Bedarfszüge in Richtung Bundesbahn hat die Dispatcherleitung mindestens sechs Stunden vor dem Verkehren dem Grenzbahnhof mitzuteilen und diesen bei Zugförderung durch die Bundesbahn mit der Anforderung der Triebfahrzeuge und Zugbegleitpersonale für Bedarfszüge zu beauftragen.

2.10.3. Der Grenzbahnhof hat den Grenzbahnhof der Bundesbahn vom Ausfall von Zügen bzw. vom Verkehren von Bedarfszügen zu verständigen und die erforderlichen Triebfahrzeuge und Zugbegleitpersonale (s. Abschn. 2.10.2.) anzufordern. Sofern die Verständigung zwischen den Grenzbahnhöfen nicht möglich ist, erfolgt sie zwischen den Zugmeldestellen.

2.10.4. Die Annahme von Zügen darf nur in Ausnahmefällen mit Zustimmung der Hauptdispatcherleitung, Brigadehauptdispatcher, verweigert werden.
Der Grenzbahnhof der Bundesbahn ist durch den Grenzbahnhof unverzüglich von der Weigerung zu verständigen, nachdem durch den Amtsvorstand bzw. den Diensthabenden der Leitungsbereitschaft des zuständigen Reichsbahnamtes festgelegt wurde, welche Weigerungsgründe der Bundesbahn mitzuteilen sind. Diese Gründe sind bereits beim Einholen der Zustimmung über die Oberdispatcherleitung der Hauptdispatcherleitung anzugeben. Erfolgt die Weigerung im Auftrag der Hauptdispatcherleitung, hat diese auch den dem Grenzbahnhof der Bundesbahn mitzuteilenden Weigerungsgrund festzulegen.

Weigerungsgründe können z. B. sein:
- Bahnbetriebsunfälle
- außergewöhnliche Vorkommnisse
- technische Störungen oder
- betriebliche Schwierigkeiten bei der Aufnahme von Bedarfs- bzw. Sondergüterzügen.

Ausgenommen hiervon sind Annahmeverweigerungen nach Abschn. 1.2. Die Grenzbahnhöfe haben über Annahmeverweigerungen Aufschreibungen zu führen.

2.10.5. Der Ausfall von Zügen und das Verkehren von Bedarfs- oder sonstigen Sonderzügen ist dem Kommandanten der Grenzübergangsstelle und den Kontrollorganen nach den abgestimmten Meldeplänen sofort nach Bekanntwerden mitzuteilen.

2.10.6. Die Grenzbahnhöfe haben über Anforderungen von Triebfahrzeugen durch die Deutsche Reichsbahn oder durch die Bundesbahn Aufschreibungen zu führen, aus denen ersichtlich ist, ob die Anforderung realisiert wurde oder nicht.

2.10.7. Müssen infolge unvorhergesehener Streckensperrungen Züge des grenzüberschreitenden Verkehrs über einen anderen als den planmäßig vorgesehenen Grenzübergang umgeleitet werden, ist dieses durch die Oberdispatcherleitung der zuständigen Reichsbahndirektion bei der Hauptdispatcherleitung zu beantragen. Der Grenzbahnhof unterrichtet auf Weisung der Oberdispatcherleitung der zuständigen Reichsbahndirektion den Grenzbahnhof der Bundesbahn über die Umleitung von Zügen. Hinsichtlich der Angabe von Unfallursachen gilt Abschn. 3.2.

2.10.8. Umleitungen über die zeitweilig stillgelegte Strecke Wartha (Werra) - Herleshausen - Gerstungen sind unzulässig.

2.10.9. Umleitungen nach Abschn. 2.10.7. sind mit den zuständigen Stellen der Kontroll- und Sicherheitsorgane nach den abgestimmten Meldeplänen abzustimmen.

3. Zu Abschnitt III, Bahnbetriebsunfälle und außergewöhnliche Vorkommnisse

3.1. Zu § 10 Abs. 1

3.1.1. Bei jedem außerplanmäßigen Halt auf dem Grenzstreckenabschnitt der Deutschen Demokratischen Republik ist - sofern das Triebfahrzeug auf dem Hoheitsgebiet der Deutschen Demokratischen Republik zum Stehen gekommen ist - mit der Fahrzeugpfeife oder dem Typhon des Triebfahrzeuges das Signal Zp 6 (Kommen!) zu geben. Durch Triebfahrzeuge der Bundesbahn wird bei außerplanmäßigem Halt entweder ebenfalls das Signal "Kommen!" (Zp 11 der Bundesbahn) oder das "Notsignal" (Zp 5 der Deutschen Reichsbahn sowie Zp 5 der Bundesbahn) gegeben. Der Zug darf erst nach Zustimmung des zuständigen Kommandeurs des Grenzregimentes weiterfahren.

3.1.2. Das Zugpersonal darf zur Abgabe von Meldungen die Bahnanlagen nicht verlassen.

3.1.3. Beim Halten im Grenzstreckenabschnitt der Deutschen Demokratischen Republik hat das Zugpersonal die Bestimmungen der Grenzordnung einzuhalten.

3.1.4. Das Zugpersonal der Deutschen Reichsbahn hat dafür zu sorgen, daß auf dem Grenzstreckenabschnitt der Deutschen Demokratischen Republik die Reisenden den Zug nicht verlassen, soweit nicht gegenwärtige Auswirkungen des den Aufenthalt auslösenden Ereignisses auf die Reisenden das sofortige Verlassen des Zuges im Interesse ihrer persönlichen Sicherheit erfordern. Personen zur Hilfeleistung u. dgl. dürfen den Zug nicht unkontrolliert besteigen.

3.1.5. Der Fahrdienstleiter der Deutschen Reichsbahn ist nur für den Grenzstreckenabschnitt der Deutschen Demokratischen Republik weisungsbefugt.

Die Maßnahmen müssen die Forderungen der Kontroll- und Sicherheitsorgane berücksichtigen und sind mit dem Kommandeur des zuständigen Grenzregimentes abzustimmen.

3.2. Zu § 10 Abs. 3

3.2.1. Die Meldung aller auf der Grenzstrecke im Instandhaltungsbereich der Deutschen Reichsbahn oder auf dem Grenzbahnhof eingetretenen Unfälle oder außergewöhnlichen Vorkommnisse hat gemäß der Dienstvorschrift zur Verhütung und Bekämpfung von Bahnbetriebsunfällen und anderen Ereignissen (Buvo), DV 423, zu erfolgen. Vom Grenzbahnhof ist außerdem unverzüglich der Kommandant der Grenzübergangsstelle zu verständigen. Von der Oberdispatcherleitung sind diese Meldungen an die Hauptdispatcherleitung und an den Vizepräsidenten für Transportorganisation und Fahrzeuge (TF) bzw. Chef vom Dienst der Reichsbahndirektion weiterzugeben.

3.2.2. Von der Bundesbahn eingehende Meldungen sind über die Dispatcherleitung und die Oberdispatcherleitung an den Vizepräsidenten TF bzw. Chef vom Dienst der zuständigen Reichsbahndirektion und an die Hauptdispatcherleitung weiterzuleiten.

3.2.3. Der Grenzbahnhof der Bundesbahn darf erst dann verständigt werden, wenn der Amtsvorstand bzw. der Diensthabende der Leitungsbereitschaft des zuständigen Reichsbahnamtes dem zugestimmt und festgelegt hat, was der Bundesbahn mitzuteilen ist. Angaben über Unfallursachen dürfen erst nach Abstimmung mit dem Vizepräsidenten TF bzw. Chef vom Dienst der zuständigen Reichsbahndirektion dem Grenzbahnhof der Bundesbahn übermittelt werden. Die der Bundesbahn gegebenen Mitteilungen sind ebenfalls von der Oberdispatcherleitung der Hauptdispatcherleitung zu melden.

3.2.4. In den abgestimmten Meldeplänen ist auch die Verständigung der Kontroll- und Sicherheitsorgane zu regeln.

3.4. Zu § 10 Abs. 5

3.4.1. Zur Beseitigung der Folgen von Bahnbetriebsunfällen und anderen außergewöhnlichen Vorkommnissen im Instandhaltungsbereich der Deutschen Reichsbahn hat die zuständige Reichsbahndirektion, Verwaltung des Betriebs- und Verkehrsdienstes, die nötigen Vorkehrungen auf der Grundlage der Buvo, DV 423, zu treffen. Die vorgesehenen Maßnahmen sind mit dem Kommandanten der Grenzübergangsstelle und den zuständigen Dienststellen der Kontroll- und Sicherheitsorgane abzustimmen.

3.4.2. Wird es zur Beseitigung der Folgen von Bahnbetriebsunfällen und anderen außergewöhnlichen Vorkommnissen erforderlich, auf der Grenzstrecke die Hilfe der Bundesbahn in Anspruch zu nehmen (z. B. für das Abziehen von Zugteilen, zur Bereitstellung von Aufgleistechnik u. dgl.) und ist dazu das Überschreiten bzw. Überfahren der Staatsgrenze durch Beschäftigte der Bundesbahn erforderlich, ist dieses vorher vom Leiter der Unfallstelle beim Präsidenten bzw. Chef vom Dienst der zuständigen Reichsbahndirektion zu beantragen.

Ersucht die Bundesbahn um gleichgeartete Hilfeleistung durch die Deutsche Reichsbahn, ist der Antrag unverzüglich an den Präsidenten bzw. Chef vom Dienst der zuständigen Reichsbahndirektion weiterzuleiten. Die Beantwortung des Ersuchens wird besonders angewiesen. Der Kommandant der Grenzübergangsstelle und die Hauptdispatcherleitung sind von solchen Anträgen unverzüglich gemäß Meldeplan zu unterrichten.

3.5. Zu § 11 Abs. 1

Die Untersuchung von Bahnbetriebsunfällen und anderen außergewöhnlichen Vorkommnissen im Instandhaltungsbereich der Deutschen Reichsbahn hat nach den Bestimmungen der Buvo, DV 423, zu erfolgen. Die Anforderung staatlicher Untersuchungsorgane erfolgt über den Kommandanten der Grenzübergangsstelle.

3.6. Zu § 11 Abs. 2

3.6.1. Ergibt sich im Verlaufe der Untersuchungen, daß die Bundesbahn oder deren Beschäftigte für das Ereignis allein verantwortlich oder mitverantwortlich sind bzw. daß das Ereignis mit Sicherheit oder großer Wahrscheinlichkeit infolge eines mangelhaften Zustandes der Fahrzeuge oder unsachgemäßer Beladung der Wagen der Bundesbahn eingetreten ist, hat der Leiter der Unfallstelle unverzüglich den Vizepräsidenten TF bzw. Chef vom Dienst der zuständigen Reichsbahndirektion zu unterrichten. Der Kommandant der Grenzübergangsstelle ist darüber zu informieren, daß zur Gewährleistung der Ansprüche der Deutschen Reichsbahn die Verständigung der Bundesbahn erforderlich ist. Der dem Grenzbahnhof der Bundesbahn durch Fernspruch zu übermittelnde Text wird von der Reichsbahndirektion festgelegt.
Eine Verständigung der Bundesbahn nach diesen Grundsätzen ist auch vorzunehmen, wenn

- außergewöhnliche Vorkommnisse oder persönliche Unfälle auf dem Hoheitsgebiet der Bundesrepublik Deutschland nach Wiedereintreffen der Beschäftigten der Deutschen Reichsbahn auf dem Grenzbahnhof oder in der Heimatdienststelle bekannt werden
- Situationen und Ereignisse auf den Grenzbahnhöfen durch Beschäftigte der Bundesbahn (auch schwere Verstöße gegen die Betriebsvorschriften) verursacht wurden, ohne daß ein Unfall eingetreten ist.

3.6.2. Der Beteiligung von Vertretern der Bundesbahn an der Untersuchung von Vorkommnissen auf dem Hoheitsgebiet der Deutschen Demokratischen Republik muß der Präsident der zuständigen Reichsbahndirektion zugestimmt haben. Derartige Anträge der Bundesbahn sind unverzüglich an den Präsidenten bzw. Chef vom Dienst der zuständigen Reichsbahndirektion weiterzuleiten.

3.6.3. Die Beteiligung von Vertretern der Reichsbahndirektion an der Untersuchung von Ereignissen auf dem Hoheitsgebiet der Bundesrepublik Deutschland erfolgt auf Weisung des Präsidenten der zuständigen Reichsbahndirektion.

3.6.4. Ist es erforderlich, daß Beschäftigte der Deutschen Reichsbahn oder der Bundesbahn die Staatsgrenze überschreiten, hat die zuständige Reichsbahndirektion vorher den Kommandeur des zuständigen Grenzkommandos der Deutschen Demokratischen Republik und die zuständigen Dienststellen der Kontroll- und Sicherheitsorgane zu verständigen.
Ihnen sind die Art, der Ort und die Zeit des Grenzübertritts sowie die Anzahl der Personen - möglichst namentlich und mit Angabe der Dienststellung - mitzuteilen.

3.6.5. Den an der Unfalluntersuchung auf Grenzbahnhöfen beteiligten beauftragten Vertretern der Bundesbahn ist in Absprache mit den Kontroll- und Sicherheitsorganen für die Vernehmung ihrer Beschäftigten ein geeigneter Arbeitsraum bereitzustellen. Soweit zur Klärung der Schuldfrage erforderlich, ist die Einsichtnahme in die Untersuchungsunterlagen zu gewähren.

3.7. Zu § 11 Abs. 3

3.7.1. Beschäftigte der Deutschen Reichsbahn sind nicht berechtigt, Angaben, die sie gegenüber Stellen der Bundesbahn gemacht haben, durch Unterschrift anzuerkennen.

5.2. Zu § 17 Abs. 2

Auf den Betriebswechselbahnhöfen der Deutschen Reichsbahn sind die Bremsproben durch Wagenmeister der Deutschen Reichsbahn auszuführen. Es ist zu überwachen, daß auf den Betriebswechselbahnhöfen der Bundesbahn die Bremsproben durch Wagenmeister der Bundesbahn ausgeführt werden.

5.3. Zu § 17 Abs. 4

5.3.1. Zurückgewiesene Wagen - soweit auf eigenen Rädern in Regelzügen betriebssicher lauffähig - sind mit dem nächsten geeigneten Zug zum Grenzbahnhof der Bundesbahn zurückzuführen. In den örtlichen Dienstanweisungen ist die Verfahrensweise bei laufunfähigen Wagen festzulegen. Der Grund der Ubernahmeverweigerung ist - soweit die internationalen Bestimmungen nichts anderes vorschreiben - in der für den Grenzbahnhof festgelegten Art der Bundesbahn mitzuteilen.

5.3.2. Schriften oder Symbole, die den Interessen der Deutschen Demokratischen Republik oder der befreundeten sozialistischen Länder widersprechen, an oder in Transportmitteln, die von der Bundesbahn übergeben werden, sind zu entfernen, sofern dies ohne besondere Schwierigkeiten möglich und die Freigabe durch den Leiter der Paßkontrolleinheit der Grenzübergangsstelle erfolgt ist. Das Entfernen hat durch die in der örtlichen Dienstanweisung dafür bestimmten Beschäftigten unter Verantwortung und Kontrolle des Leiters der Paßkontrolleinheit der Grenzübergangsstelle zu erfolgen. Diese Transportmittel sind erst nach dem Entfernen der Schriften oder Symbole zur Weiterleitung freizugeben.

Ist das Entfernen solcher Schriften oder Symbole nur unter besonderen Schwierigkeiten möglich, sind die betreffenden Transportmittel auszusetzen und zurückzuweisen. Für das Zurückweisen ist unter Angabe des Transportgutes und des Empfängers über die Dispatcherleitung, Oberdispatcherleitung und Hauptdispatcherleitung die Zustimmung des Diensthabenden der Bereitschaft der Hauptverwaltungsleiter der Deutschen Reichsbahn einzuholen.

Die Unterrichtung des Grenzbahnhofs der Bundesbahn über das Zurückweisen von Transportmitteln hat mit der Begründung zu erfolgen, daß deren Zustand gegen die in der Deutschen Demokratischen Republik geltenden Rechtsvorschriften und gegen den Verkehrsvertrag verstößt.

5.3.3. Über Vorkommnisse gemäß Abschn. 5.3.2. hat der Grenzbahnhof unverzüglich den Kommandanten der Grenzübergangsstelle und die zuständigen Dienststellen der Kontroll- und Sicherheitsorgane entsprechend den abgestimmten Meldeplänen zu verständigen.
Hinsichtlich der vom Leiter des Grenzbahnhofs zu führenden Aufschreibungen gilt der Abschn. 1.2.4.

5.3.4. Über Reisezugwagen fremder Eisenbahnverwaltungen, die Eisenbahnübersichtskarten oder Reklamen enthalten, deren Inhalt den Interessen der Deutschen Demokratischen Republik oder der befreundeten sozialistischen Länder widerspricht (siehe § 49 Abschnitte 5.5. und 5.6. des RIC), sind sofort die zuständigen Dienststellen der Kontroll- und Sicherheitsorgane entsprechend den festgelegten Meldeplänen zu informieren. Außerdem ist über die Dispatcherleitung und Oberdispatcherleitung der Diensthabende der Reichsbahndirektion zu unterrichten. Derartige Übersichtskarten oder Reklamen dürfen nur auf Entscheidung des Ministeriums für Verkehrswesen, Hauptverwaltung des Betriebs- und Verkehrsdienstes der Deutschen Reichsbahn, Fachabteilung Reise- und Güterverkehr, entfernt werden.

5.3.5. Die im Zugbildungsplan A vorgesehenen Kurswagen sind auch dann zu übernehmen bzw. zu übergeben, wenn sie wegen Verspätungen in anderen Zügen laufen. Die Nachführung verspäteter Kurswagen, die planmäßig in durchgehenden Zügen laufen, in nicht durchgehenden Zügen ist jedoch nicht zulässig (siehe auch § 37 Abs. 1 der DV 523 Th. 2).

Total gesichert: Grenzbahnhof – Grenzübergangsstelle – Grenzstreckenabschnitt – Transitstrecke

Die innerdeutsche Grenze, bis November 1946 von sowjetischen Soldaten bewacht, die sich erst im März/April 1947 gänzlich zurückzogen, sicherte ab dem 1. Dezember 1946 eine Grenzpolizei, die ab 16. Mai 1952 als Deutsche Grenzpolizei (DGP) bezeichnet wurde. Sie unterstand bis 1. März 1957 dem Ministerium für Staatssicherheit (MfS), danach dem Ministerium des Innern (MdI). Nach dem Bau der Mauer wurde die Grenzpolizei als „Kommando Grenze" in die 1956 gebildete Nationale Volksarmee (NVA) integriert und später als Grenztruppen bezeichnet. Sie waren für das Bewachen und Sichern der Grenze und ihrer Übergangsstellen zuständig. Auf jeder Grenzübergangsstelle (Güst) bestand ein Führungspunkt (Fp) mit einem Diensthabenden Offizier (DHO), der den Einsatz der Posten und Streifen der Grenztruppen in der Güst sowie auf dem anschließenden Grenzstreckenabschnitt regelte, dem aber auch die eingesetzten Eisenbahner, deren Aufgaben und Berechtigungen sowie Dienstwege bekannt waren bzw. bekannt gegeben werden mussten.

Für die technische und organisatorische Sicherung der Bahnhöfe waren besonders die Hauptabteilungen VI (Sicherung und Kontrolle der Grenze einschließlich Passkontrolleinheiten) und XIX (Sicherung des Verkehrswesens) des MfS zuständig, um die Grenze an den Schnittpunkten zwischen Ost und West undurchlässig zu machen. Das betraf nicht nur Richtlinien für die sicherungstechnische Ausgestaltung der Grenzbahnhöfe an der Westgrenze, die im Kapitel 3 erläutert werden, sondern auch zu installierende Alarm- und Meldeanlagen sowie die Videoüberwachung.

Die Personenkontrollen an den Güst nahmen die so genannten Passkontrolleinheiten (PKE) in Uniformen der Grenztruppen mit entsprechender Ärmelaufschrift wahr, gehörten jedoch zum MfS. Die PKE in den Güst glichen einem Mini-Ministerium: Außer den Arbeitsgruppen Arbeitsorganisation sowie Versorgung und Innendienst gab es die für Operative Sicherung und Terrorabwehr, die Operative Filtrierung und Ermittlung mit Offizieren, Hauptsachbearbeitern und Sachbearbeitern sowie die für Fahndung und Koordinierung und die der (ständig anwesenden) Diensthabenden Offiziere (DHO) mit Lageoffizier, Funker, Fernschreiber und Chiffrator. Die eigentliche Passkontrolle führten die einem Zugführer unterstellten Passkontrolleure aus, die in speziellen Aufgabengruppen zusammengefasst (für Sicherung, Einreise Ausländer, Einreise Bürger BRD, Einreise Bürger West-Berlin, Ausreise und Transit) und denen überwiegend Fahndungsoffiziere zugeordnet waren. Dementsprechend gab es in den Güst einzelne Kontrollbereiche [5, 6].

Von der Zollverwaltung der DDR kontrollierten die Beauftragten des Grenzzollamtes (GZA) nach Bedarf, wie das MfS seine inoffizielle Mitarbeiter-Ermittlung (IME) schulte: *„Beim Betreten des Zollkontrollbereiches sollte man nicht auf den Zollangestellten zu gehen und ihm das Reisedokument und die Zoll- und Devisenerklärung zur Einsichtnahme hinhalten. In der Regel ist es so, daß der Reisende durch diesen Zollbereich läuft, als würde es ihn nichts angehen. Erscheint den Zollangestellten etwas vertächtig, dann spricht er von sich aus den Reisenden an und fordert ihm auf seine Reiseunterlagen vorzuzeigen und sein Reisegepäck einer Kontrolle unterziehen zu lassen"* (Grammatik, Rechtschreibung und Interpunktion entsprechen dem Original [7]. Das sollte sowohl für die Aus- als auch für die Einreise gelten.

In den zwischen der BRD und West-Berlin verkehrenden Transitzügen waren seit 1972 die so genannten Transitgruppen der PKE präsent, ebenfalls ein Zugbegleitkommando (ZBK) der Transportpolizei (Trapo), das dem MfS „zuzuarbeiten" hatte, nämlich in leeren Abteilen, Toiletten, Waschräumen, Schaltschränken, Deckenklappen im Gang usw. prüfte, ob Sachen und Personen versteckt waren („Innentransportmittelkontrolle"/ITMK). Die Transportpolizei sollte aber auch an gefährdeten Stellen, wie z. B. an Langsamfahrstellen oder bei außerplanmäßigen Halten, verhindern, dass Personen unkontrolliert ein- oder aussteigen oder Reisende aus dem Zug Kontakte zu außenstehenden Personen aufnehmen konnten und umgekehrt. Die Hauptabteilung VIII (Observierung) des MfS sicherte die Transitstrecken auch im Bahnverkehr und bediente sich für diese „Außenabsicherung“ der Transitzüge überwiegend der Transportpolizei, die auch im grenznahen Raum in Binnenreisezügen operierte, um „Vorbereitungs- und Versuchshandlungen zum ungesetzlichen Grenzübertritt“ zu verhindern. Darüber hinaus war der grenznahe Bereich und gerade im Vorfeld der Grenzübergangsstellen mit einem Netz von Abschnittsbevollmächtigten (ABV) und freiwilligen Helfern der Transportpolizei sowie „Inoffiziellen Mitarbeitern“ (IM) und „Gesellschaftlichen Mitarbeitern Sicherheit“ (GMS) des MfS überzogen, die Beschäftigte des Verkehrswesens oder gar der „Organe“ selbst sein konnten.

Für die Grenzbahnhöfe selbst gab es jeweils eine „Gemeinsame örtliche Vereinbarung zur Organisation, Durchsetzung und Abwicklung des grenzüberschreitenden Reise- und Güterverkehrs auf der Grenzübergangsstelle ...“ (G.ö.V.), die zwischen dem Kommandanten der Güst, dem Leiter der PKE, dem Leiter des Transportpolizeireviers, dem Leiter des Grenzzollamtes und dem Leiter des Bahnhofs zu vereinbaren war, aber von den Bahnhöfen nach Vorgaben der „Organe“ aufgestellt werden musste. Praktisch war das der Kodex für das Betreten und Verhalten der Eisenbahner im Grenzbahnhof, in der Grenzübergangsstelle, in den Kontrollterritorien bzw. -bereichen – falls sie dorthin überhaupt gelangten – und in den Grenzstreckenabschnitten [8]. Darin war auch festgelegt, wer von den vielen anwesenden „Organen“ einer Zugfahrt aus oder in Richtung BRD und West-Berlin zustimmen musste. Das waren vielfach die DHO der Grenztruppen (z. B. Griebnitzsee, Staaken, Probstzella) nach Aufforderung der PKE, aber auch die PKE selbst (z. B. Berlin Friedrichstraße). Nicht die Grenztruppen, sondern die PKE hatte das „Sagen“ auf den Güst!

Von den „Organen“ gesucht und gefunden!

Was suchten und fanden die „Genossen der Organe“ bei ihren Personen- und Zollkontrollen? In einem Informationsbericht über Kontrollergebnisse der ersten drei Quartale im Jahre 1970 – also noch vor Inkrafttreten des Vertragspaketes, als die Kontrollen an den Grenzen noch sehr viel schärfer ausfielen – kam das MfS zu folgenden Erkenntnissen [9]:

„Neben der verstärkten Ablage von Hetzflugblättern, besonders in Reisezügen, ist in der letzten Zeit ein ständiges Ansteigen der versuchten Ein- und Durchfuhr von pornografischen Erzeugnissen sowie von Schriften der Sekte „Zeugen Jehovas“ festzustellen. ... Im Vergleich I. Quartal zum III. Quartal 1970 ist dabei eine 100%ige Steigerung festzustellen. ...

Neben der versuchten Einfuhr westlicher Druckerzeugnissen bilden die Hetzschmierereien einen besonderen Schwerpunkt. Im Berichtszeitraum wurden im grenzüberschreitenden Güterverkehr über 1800 Hetzschmierereien vorwiegend an Eisenbahnwaggons angebracht (davon 80 % Staatsgrenze West), die vorwiegend beinhalten:

– Völker- und Rassenhetze, faschistische Propaganda, Hetze gegen die sozialistische Staats- und Gesellschaftsordnung der DDR, Hetze gegen Repräsentanten der DDR und andere sozialistische Staaten. ...

Die Alleinvertretungsanmaßung Bonns zeigt sich u. a. auf den Zolldokumenten. Die besondere politische Einheit Westberlin wird in den Bereich der westdeutschen Zollgesetzgebung einbezogen. Auf den Versandanmeldungen für den innerstaatlichen Zollgutversand und auf den Absendererklärungen für die Zollbehandlung wird als Versendungsland „Deutschland“ oder als Herkunftsland für Westberliner Erzeugnisse „Bundesrepublik Deutschland“ deklariert. ...

In der Zeit vom 1.1. bis 3.9.1970 wurden im grenzüberschreitenden Transit- und Einreiseverkehr durch die Zollkontrollorgane an den GÜST der Staatsgrenze der DDR bei 104 Personen (darunter 74 westdeutsche und Westberliner Bürger) Waffen und Munition festgestellt, die diese Personen illegal mitführten. ...

Z. B. wurde am 7.11.1968 im Abteil eines Waggons des D 201 an der GÜST Gerstungen während der Zoll-

Fortsetzung Seite 32

Seiten 26–31: Auszüge aus der „Dienstvorschrift zur Durchführung des Eisenbahnverkehrs zwischen der DDR und der BRD“, DV 523, Teilheft (Th.) 2: Bestimmungen für den Transitverkehr nach West-Berlin. Slg. Kuhlmann

(2) In jedem Zug sind für die Kontroll- und Sicherheitsorgane drei in einem Wagen nebeneinanderliegende und abschließbare Dienstabteile vorzuhalten. Die Vorhaltung dieser Abteile ist in den Zugbildungsplänen zu berücksichtigen.

§ 8
Rangordnung der durchgehenden Züge

(1) Die durchgehenden Züge erhalten, abweichend von den Bestimmungen des § 5 Abs. 11 Buchstaben a und b der Fahrdienstvorschriften (FV), DV 408, Vorrang vor allen Zügen außer

a) dringlichen Hilfszügen
b) Zügen mit Zuglaufüberwachung und
c) Reisezügen der in Westberlin stationierten Besatzungstruppen (Db-Züge).

(2) Die Vorrangzüge gemäß Weisung des Stellvertreters des Ministers und Ersten Stellvertreters des Generaldirektors der Deutschen Reichsbahn vom 15. September 1971, betreffend die Verbesserung der Qualität des Reisezugverkehrs, sind hinter den durchgehenden Zügen einzureihen und haben keinen Vorrang vor diesen.

(3) Durchgehende Züge dürfen grundsätzlich nicht außerplanmäßig zum Halten kommen. Die Fahrdienstleiter und Zugdispatcher haben entsprechend der Rangordnung der durchgehenden Züge den Zuglauf und die Gleisbesetzung so zu disponieren, daß vor und in den Bahnhöfen keine außerplanmäßigen Halte eintreten.

(2) Von den Reichsbahndirektionen, Stab für die operative Betriebsleitung, ist das Abstimmungsergebnis zur Festlegung der Bahnhöfe und Standorte jeweils spätestens 4 Wochen vor dem Termin des Fahrplanwechsels dem Ministerium für Verkehrswesen, Hauptstab für die operative Betriebsleitung der Deutschen Reichsbahn, schriftlich oder fernschriftlich mitzuteilen. Darüber hinaus sind die Leiter der beteiligten örtlichen Dienststellen der Deutschen Reichsbahn zu unterrichten.

§ 11

Zugpersonal

(1) Zugpersonale, die in durchgehenden Zügen eingesetzt werden, müssen den dafür geltenden Kaderrichtlinien entsprechen. Sie müssen mit den hierfür erforderlichen Dokumenten ausgerüstet sein. Für die Unterrichtung und Schulung der Zugpersonale gilt der Abschn. 1.5.1. der DV 523 Th. 1.

(2) Das Zugpersonal hat in allen Fragen, die die Gewährleistung von Ordnung und Sicherheit in den durchgehenden Zügen berühren oder berühren könnten, z. B. bei außerplanmäßigen Halten, Störungen oder Unregelmäßigkeiten, bei plötzlicher Erkrankung von Reisenden oder bei nicht genehmigten bzw. unkontrolliertem Verlassen oder Betreten des Zuges, eng mit dem Leiter der Paßkontrollkräfte im Zuge zusammenzuarbeiten.

(3) Ein Verlassen des Zuges ist dem Zugpersonal der Deutschen Reichsbahn nur zur Durchführung unerläßlicher dienstlicher Obliegenheiten gestattet.

§ 35

Außerplanmäßige Halte

(1) Alle notwendigen außerplanmäßigen Halte (s. § 49 Absätze 1 bis 7 der FV) sowohl auf Bahnhöfen als auch auf der freien Strecke sind - noch vor ihrem Eintreten - sofort nach Erkennen ihrer Notwendigkeit von den Fahrdienstleitern und Zugdispatchern zu melden. Dabei ist entsprechend den festgelegten Meldeplänen zu verfahren.

(2) Müssen bei Unfällen, Störungen und Unregelmäßigkeiten durchgehende Züge außerplanmäßig angehalten werden, hat dies nach Möglichkeit auf den festgelegten Haltbahnhöfen zu erfolgen.

(3) Läßt sich die Notwendigkeit eines außerplanmäßigen Halts der durchgehenden Züge, z. B. infolge von Störungen und Unregelmäßigkeiten (Schienenbruch, Signalstörung, Befahren des falschen Gleises u. a.), im voraus erkennen, ist vor Eintreten des Halts durch den für die Laufkontrolle verantwortlichen Dispatcher der Dispatcherleitung der Operative Diensthabende des Amtes der Transportpolizei zu unterrichten, in dessen Bereich der Halt vorgesehen ist oder eintreten wird.

(4) Die Fahrdienstleiter haben alle Unregelmäßigkeiten und Störungen, die u. U. einen außerplanmäßigen Halt eines durchgehenden Zuges bewirken könnten, unverzüglich dem zuständigen Zugdispatcher zu melden, der sofort den für die Laufkontrolle verantwortlichen Dispatcher unterrichtet. Dieser handelt gemäß Abs. 3.

(5) Bei Anforderung örtlicher medizinischer Hilfe und sich daraus ergebender notwendiger Fahrtunterbrechung führt der Diensthabende der Reichsbahndirektion die erforderlichen Absprachen mit den Schutz- und Sicherheitsorganen.

(6) Der für die Laufkontrolle verantwortliche Dispatcher der Dispatcherleitung meldet alle außerplanmäßigen Halte unter Angabe der Gründe an den für die Laufkontrolle verantwortlichen Dispatcher der Oberdispatcherleitung und an den Operativen Diensthabenden des Amtes der Transportpolizei, in dessen Bereich der Halt eingetreten ist.
Die Oberdispatcherleitung verständigt umgehend

a) die Hauptdispatcherleitung
b) den Diensthabenden der Reichsbahndirektion und
c) die zuständige Stelle des Ministeriums für Staatssicherheit.

(7) Durchgehende Züge dürfen bei Halten Militärtransporten sowie Be- und Entladungen der Streitkräfte der Warschauer Vertragsstaaten nicht in unmittelbarer Sicht gegenüberstehen.

§ 36

Nachweis, Untersuchung und Auswertung außerplanmäßiger Halte

(1) Alle außerplanmäßigen Halte der durchgehenden Züge und ihre Ursachen sind von den Fahrdienstleitern nach Abgabe der vorgeschriebenen Meldungen in besonderen Nachweisen schriftlich zu erfassen.

(2) Im Dispatcherdienst (Dispatcherleitung, Oberdispatcherleitung und Hauptdispatcherleitung) sind einheitliche Nachweise nach Kalendertagen (0.00 bis 24.00 Uhr) über außerplanmäßige Halte der durchgehenden Züge mit Angabe der jeweiligen Ursache zu führen.

Anhang II
(zu § 5 Abs. 7)

Grundsätze für die Beförderung der Eisenbahner von und zum Dienst zwischen Griebnitzsee und Berlin-Wannsee mit durchgehenden Zügen

1. Die Beförderung von und zum Dienst der in Westberlin arbeitenden Eisenbahner, die in der Deutschen Demokratischen Republik wohnen, erfolgt zwischen Griebnitzsee und Berlin-Wannsee mit durchgehenden Zügen.

2. Die im Abschn. 1. genannten Eisenbahner müssen im Besitz der für das Überschreiten der Staatsgrenze nach Westberlin erforderlichen Dokumente sein.

3. Beim Betreten, Aufenthalt und Verlassen der Grenzübergangsstelle Bahnhof Griebnitzsee gelten folgende Festlegungen:

3.1. Die Grenzübergangsstelle ist 15 Minuten vor Ankunft des durchgehenden Zuges zu betreten, und spätestens 15 Minuten vor Abfahrt des durchgehenden Zuges müssen die Eisenbahner am Kontrollraum im Treppenaufgang zum Bahnsteig C zur Kontrolle anwesend sein.

3.2. Der Bahnsteig C und der durchgehende Zug dürfen erst nach Aufforderung durch die Kontrollorgane betreten werden.

3.3. Vom Dienst in Westberlin zurückkehrende Eisenbahner haben sich bei der Aufsicht des Bahnsteiges A unaufgefordert einzufinden; sie dürfen den Bahnsteig A erst nach Kontrolle und Zustimmung durch die Sicherheitsorgane verlassen.

3.4. Bei unregelmäßigem Zugverkehr haben sich die Eisenbahner in der Zeit von 06.00 bis 22.00 Uhr im Speise-Kantinenraum des Bahnhofes aufzuhalten; außerhalb dieser Zeit wird ihnen der Aufenthalt im Raum gegenüber dem Dienstraum der Aufsicht des Bahnsteiges A gestattet. Ein anderweitiger Aufenthalt ist nicht gestattet, sofern nicht von den Sicherheitsorganen besondere Weisungen ergehen. Der Zugang zu den Bahnsteigen A und C darf nur durch den Tunnel erfolgen.

kontrolle versteckt unter der Sitzbank 1 Pistole „Beretta" mit 8 Schuß gefunden. Der Westberliner Bürger K. wurde als Besitzer ermittelt. K. hatte diese Pistole in Italien käuflich erworben, diese am Körper versteckt nach Westdeutschland geschmuggelt und versucht, sie nach Westberlin zu schleusen. ...

Zunehmend fallen an den GÜST der DDR zur besonderen politischen Einheit Westberlin und Westdeutschland in den Reiseströmen Westberliner, westdeutsche sowie ausländische Personen an, die kriminelle Vergehen und Verbrechen begangen haben. Das Passieren der GÜST mit verfälschten Personaldokumenten ausgewechselten Lichtbildern usw. steht dabei im Vordergrund. Das bezieht sich auch auf Personen, die für sie festgelegte Reisesperren auf diese Art und Weise zu umgehen versuchen." (Damit waren besonders die Mitglieder der Nationaldemokratischen Partei gemeint, deren Ein- und Durchreise seit 13.März 1968 vom Ministerium des Innern der DDR verboten worden war; Anm. des Autors). ...

„Es häufen sich die Feststellungen der Zollorgane der DDR, daß seitens westdeutscher und Westberliner Transportunternehmen falsche Angaben über das Gewicht der beförderten Güter" (gemacht wurden; Anm. des Autors), *„eine zu niedrige Steuerausgleichsabgabe erklärt bzw. entrichtet wird. Im Berichtszeitraum traten 1820 westdeutsche und Westberliner Unternehmen in 3600 Fällen durch eine nicht ordnungsgemäße Berechnung der Steuerausgleichsabgabe in Erscheinung.*

Besonders seit Jahresende 1969 häufen sich in zunehmendem Maße Versuche, Rauschgifte über die GÜST der DDR einzuführen. Durch die Organe der Zollverwaltung der DDR wurden im Berichtszeitraum über 200 Feststellungen getroffen. Darüber hinaus konnten zu 130 Personen Hinweise erarbeitet werden, die den Verdacht zulassen, daß diese Personen Konsumenten von Rauschgiften sind oder mit Rauschgiften handeln. Bisher sind u. a. insgesamt ca. 125 kg Haschisch, ca. 450 Portionen LSD, kleinere Mengen Rohopium, Opium-Tinktur festgestellt worden.

Zur Unterstützung der politisch-ideologischen Diversion und der Vergütung von feindlichen und kriminellen Handlungen mißbrauchten bestimmte Personen den grenzüberschreitenden Verkehr zur Einschleusung von Zahlungsmitteln und Materialien. Die Summe der im Reiseverkehr festgestellten Zahlungsmittel, die illegal eingeführt werden sollten, beträgt im Berichtszeitraum (1.1. – 30.9.1970) über 379.000 M.

Ein Mitarbeiter eines westdeutschen Elektrokonzerns schleuste Transistoren für den Bau von Convertern zum Empfang des 2.Programm des westdeutschen Fernsehens im Werte von 12 200,– M in die DDR ein. Im D-Zug Köln-Leipzig wurden in einem Fall 10 470,– M gefunden, die hinter Feuerlöschern auf den Plattformen der Waggons versteckt waren. In einem anderen D-Zug der gleichen Strecke waren hinter einer Wasserkanne der Toilette 27 420,– M versteckt. Bei einem westdeutschen Bürger wurden 3050,– M in Schuhen versteckt gefunden." (Grammatik, Rechtschreibung und Interpunktion entsprechen dem Original [9].)

Und was die „Organe" nicht fanden, wussten sie zwar nicht, aber sie erfuhren es aus den westlichen Medien.

Normalisierung des Zugverkehrs?

Während der Regierungszeit von Bundeskanzler Willy Brandt zu Anfang der siebziger Jahre entspannte sich das Verhältnis zwischen beiden deutschen Staaten etwas, weil beide nach gemeinsamen Standpunkten suchten und diese auch fanden. DDR und BRD näherten sich in einigen, aber nicht allen Punkten an, auch die Siegermächte standen dem aufgeschlossen gegenüber. Auf der Basis des 1971/72 ausgehandelten Vertragspaketes – das waren

- das Berlin-Abkommen der vier Alliierten vom 3. September 1971,
- das Transitabkommen für den zivilen Verkehr zwischen der BRD und West-Berlin vom 11. Dezember 1971,
- der Vertrag über Fragen des Verkehrs als erster Vertrag zwischen beiden deutschen Staaten überhaupt vom 26. Mai 1972, gültig ab 18. Oktober 1972, dazu das Eisenbahn-Grenzübereinkommen (EGÜ) zwischen DB und DR vom 25. September 1972, und
- der Grundlagenvertrag zwischen beiden deutschen Staaten vom 21. Dezember 1972, gültig ab 21. Juni 1973,

konnte im Verkehr zwischen beiden Bahnverwaltungen vieles verbessert werden. Nutznießer waren im wesentlichen nur die Menschen in den alten Bundesländern. Denn die Personenkontrollen in den Transitzügen führte die DDR jetzt im fahrenden Zug durch, so dass sich die Aufenthaltszeiten an den Grenz- bzw. Kontrollbahnhöfen verringerten. Ab dem 26. September 1976 hielten die Transitzüge nicht nur in Berlin Zoologischer Garten, sondern je nach Fahrtweg auch in Berlin-Wannsee, Berlin-Spandau und ggf. in Berlin-Charlottenburg. Zugleich öffnete die DDR den dem Güterverkehr vorbehaltenen Grenzübergang Staaken für den Reiseverkehr, so dass die Hamburger Schnellzüge nicht mehr den Umweg über Griebnitzsee fahren mussten und beschleunigt wurden. Zugleich vereinbarten beide Seiten den zweigleisigen Ausbau Berlin-Wannsee – Potsdam (Stadt) – Werder (Havel) und die Rekonstruktion der Wasch- und Behandlungsanlage im Abstellbahnhof Berlin-Rummelsburg (mit finanzieller Unterstützung der BRD).

Mit den Verträgen festgeschrieben wurde auch der Durchgangsverkehr der DR zwischen Wartha (Werra) und Gerstungen über das Gebiet der BRD, der Durchgangsverkehr der DB zwischen Bebra und Heringen (Werra) über Gerstungen sowie zwischen Schwebda und Heldra über Großburschla über das Gebiet der DDR. Wenn es der DDR auch vorrangig um die staatliche Anerkennung ging, brachten doch die Verträge nach vielen Jahren der Willkür eine gewisse Sicherheit und Ordnung für beide Seiten, ebenso mit dem abgeschlossenen Eisenbahn-Grenzübereinkommen.

Auf dieser Basis erließ die DR die „Dienstvorschrift für die Durchführung des Eisenbahnverkehrs zwischen der Deutschen Demokratischen Republik und der Bundesrepublik Deutschland“ (DV 523) mit

Teilheft 1 – „Ausführungsbestimmungen zum Eisenbahn-Grenzübereinkommen“,

Teilheft 2 – „Durchführung des zivilen Reise- und Güterverkehrs nach und von Westberlin“,

Teilheft 3 – „Durchführung des Reise- und Güterverkehrs der in Westberlin stationierten Besatzungstruppen“,

jeweils gültig ab 1. Januar 1979 [10].

Während die DV 523 „Nur für den Dienstgebrauch (NfD)“ bestimmt war, mussten die Teilhefte als „Vertrauliche Dienstsache“ (VD) von einem kleinen als „Geheimnisträger“ verpflichteten Personenkreis in verschlossenen Behältnissen und Räumen aufbewahrt werden. Die Eisenbahner selbst wurden nur in dem Umfang mit den Bestimmungen der DV 523 und ihrer Teilhefte über örtliche Dienstanweisungen vertraut gemacht, wie das zum Erfüllen ihrer Dienstpflichten nötig war.

Mit der DV 523 sollte ein reibungsloser und möglichst pünktlicher Zugverkehr mit der BRD und West-Berlin garantiert werden, um damit das internationale Ansehen der DDR im Ausland zu erhöhen. Mit ihren Bestimmungen sollten gleichzeitig Fluchtversuche und unkontrollierte Grenzübertritte jeder Art verhindert werden, die zu Zwischenfällen und gar Aufsehen geführt hätten. Alle am Transitverkehr beteiligten Leiter der Bahnhöfe bis zum Präsidenten der Reichsbahndirektion hatten bis zum Ersten Stellvertreter des Generaldirektors der DR darüber regelmäßig zu berichten, um das politische Ansehen der DDR nicht zu gefährden.

Unter diesen Bedingungen konnte von einer Normalisierung des Zugverkehrs zwischen beiden deutschen Staaten noch nicht gesprochen werden, aber mit den Verträgen und Übereinkommen entstanden Grundlagen und Voraussetzungen für eine ausbaufähige Zusammenarbeit, wie sie gleich nach dem Mauerfall zwischen beiden deutschen Bahnen begann.

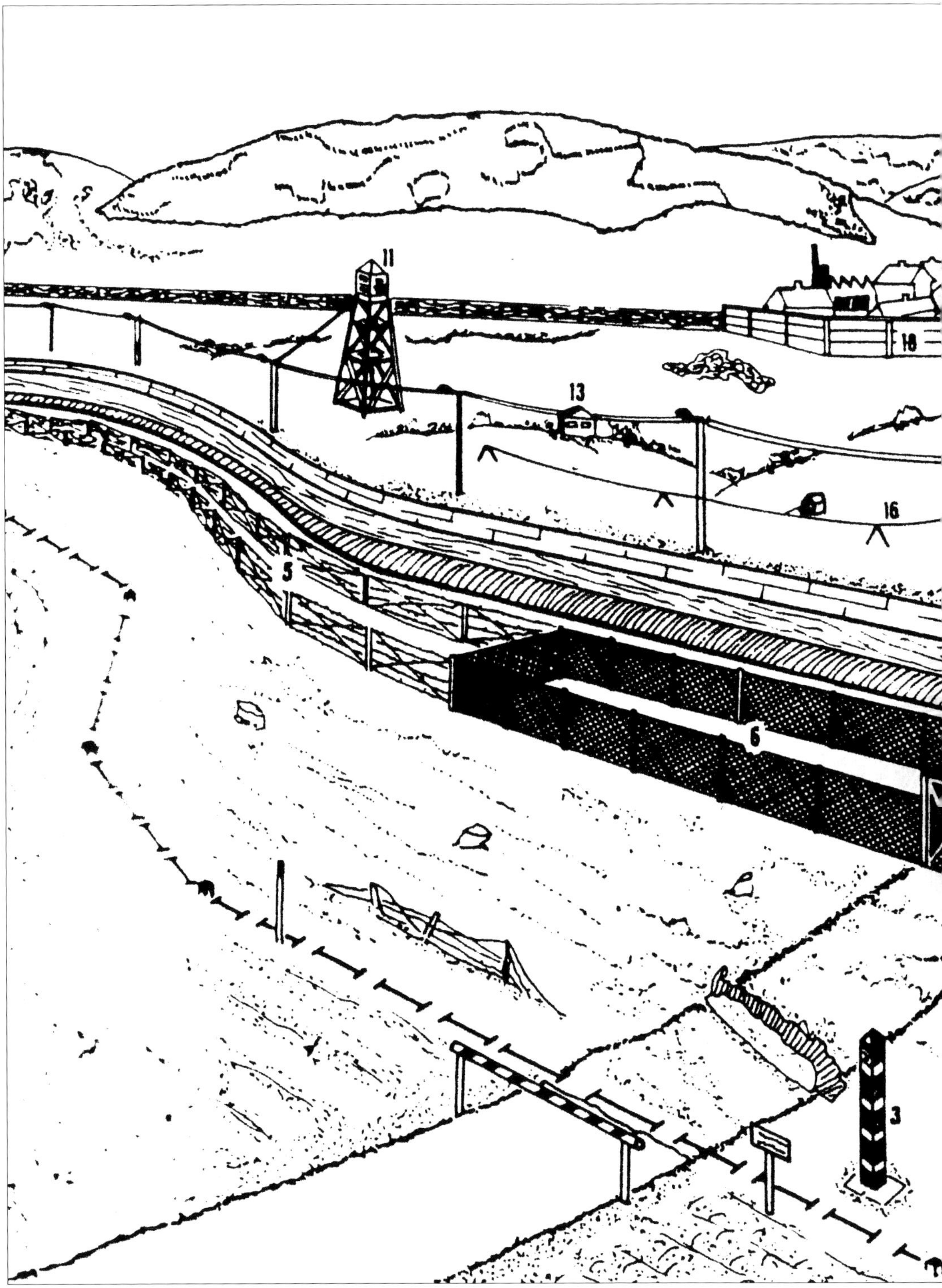
11
13
16
18
5
6
3

Schematische Darstellung der Sperr- und Sicherungsanlagen an der Westgrenze der DDR. Repro des BMI

1 Grenzverlauf mit Grenzsteinen
2 Grenzhinweispfahl (ca. 2 m hoch mit roter Kappe)
3 DDR-Markierungssäule (ca. 1,80 m hoch, schwarz-rot-gold mit DDR-Emblem)
4 Bis zu 100 m breiter Geländestreifen (abgeholzt und geräumt)
5 Zweireihiger Stacheldrahtzaun (Zwischenraum vermint)
6 Zweireihiger Matallgitterzaun (ca. 2,40 m hoch, Zwischenraum vermint)
7 Einreihiger Matallgitterzaun (ca. 3,20 m hoch) mit Selbstschussanlagen
8 KfZ-Sperrgraben (mit Betonplatten befestigt)
9 6 m breiter Spuren-Sicherungsstreifen
10 Kolonnenweg
11 Beobachtungsturm (Holz)
12 Beton-Beobachtungspunkt mit Führungspunkt
13 Beton-Beobachtungs-Bunker
14 Lichtsperre
15 Grenzmeldenetz
16 Hundelaufanlage
17 Kontrollpassierpunkt
18 Betonsperrmauer/Sichtblende (ca. 3,30 m hoch)
19 Schutzstreifenzaun mit elektrischen und akustischen Signalanlagen

„Das ist ein tolles Husarenstück, wie wir es nur vom Hauptmann von Köpenick kennen“, zollte 1961 der Bundesminister für Gesamtdeutsche Fragen Ernst Lemmer der gelungenen Flucht mit einem Personenzug seine Anerkennung. Hier der auf dem Gebiet von West-Berlin haltende Personenzug aus Oranienburg.
Foto: Ullstein-Alexander Czechatz

Mit Zügen in die Freiheit

Gerade nach dem Zweiten Weltkrieg, als von den Sowjets der „Eiserne Vorhang" zwischen Ost und West zum Abgrenzen ihrer Interessensphäre errichtet wurde, nutzten viele Menschen die letzten Schlupflöcher über die grüne Grenze. Als diese wegen zu starker Bewachung und dem Ausbau von Sperranlagen immer undurchlässiger wurde, ersannen die Fluchtwilligen andere Möglichkeiten.

Noch Anfang Oktober 1961 flüchteten alle 55 Einwohner der kleinen Gemeinde Böseckendorf im Eichsfeld nahe Teistungen mit Vieh und Wagen, mit wenigem Hab und Gut über die innerdeutsche Grenze in den Westen. In den DDR-Zeitungen wurde dieser Vorfall totgeschwiegen, weil man das einfach nicht wahr haben wollte.

Bereits am Abend des 11. September 1951 nutzten tschechische Eisenbahner aus Aš (Asch) die Gelegenheit und fuhren mit einem ganzen Zug über die Grenze bis zum 2,5 Kilometer entfernten DB-Bahnhof Selb-Plößberg. Diese tollkühne Flucht erregte damals Aufsehen und brachte kräftige Schlagzeilen im westlichen Blätterwald. Die ČSD sorgten danach dafür, dass sich ein solches Unternehmen nicht wiederholen konnte, danach bestand bis zur Stilllegung der Strecke am 28. September 1996 nur Güterverkehr [11].

Alliierte Dienstzüge als Fluchthilfe?

Nach dem Bau der Mauer um West-Berlin am 13. August 1961, mit der die noch offene Grenze für einen ungehinderten Übergang von Ost nach West geschlossen wurde, war es für die Menschen zunehmend schwieriger geworden, in das andere Deutschland zu gelangen. Relativ unkontrolliert von den Sowjets – DDR-Organe hatten hier nichts zu sagen – verkehrten zwischen der BRD (Helmstedt – Marienborn) und West-Berlin (Potsdam – Berlin-Wannsee) die Dienstzüge der westlichen Alliierten. Manche erkoren sich diese Züge zur Flucht aus.

Am 22. November 1961 nutzte Siegfried Pump aus Magdeburg eine bei Gerwisch bestehende Langsamfahrstelle aus, um auf das Trittbrett eines solchen Zuges aufzuspringen, doch waren alle Türen verschlossen. Ein amerikanischer Militärpolizist hatte alles bemerkt, dem verängstigten Flüchtling die Tür geöffnet und ihn in den Zug gelassen. Der DR-Zugführer Felix Giller eilte aus seinem Abteil des Kommandantenwagens herbei und verlangte Ausweise. Siegfried Pump wie auch der amerikanische Zugkommandant versuchten den Zugführer zu überreden, den Vorfall zu vertuschen; doch er weigerte sich. Über Funk hatte der Zugkommandant Kontakt mit Berlin aufgenommen und erhielt Order, nach Vorschrift zu handeln, keine Angaben zum Fluchtversuch zu machen und auf der Weiterfahrt zu bestehen. Beim Halt in Marienborn meldete der Zugführer den Sowjets den Vorfall. Da diese den Flüchtling nicht aus dem Zug holen durften, wurde der Wagenzug – in dem zuvor der Zugkommandant die Handbremsen angezogen hatte, um ein Abstellen auf einem Nebengleis zu verhindern – von sowjetischen Soldaten umstellt. Weil im Berliner US-Hauptquartier wegen einer Feier niemand erreichbar war, stellte man den Kontakt zur Sowjetischen Militäradministration (SMA) über die US-Militärmission in Potsdam her. Von dieser traf am nächsten Tag gegen 11.30 Uhr ein Oberst Paul ein, der den Befehl überbrachte, den Flüchtling den Sowjets auszuliefern. Der Zugkommandant weigerte sich, weil er einem anderen Kommando unterstellt war, aber übergab den Flüchtling gegen Quittung dem Obersten, der den enttäuschten Flüchtling den Sowjets überstellte.

Nach mehr als 13 Stunden Aufenthalt in Marienborn konnte der Zug 13.28 Uhr nach Helmstedt weiterfahren. Das Mfs verhörte Siegfried Pump in der Kontrollbaracke in Marienborn, und er wurde mit Handschellen gefesselt nach Magdeburg ins MfS-Gefängnis gebracht. Nach drei Monaten Haft unter unmenschlichen Bedingungen wurde er als enttarnter amerikanischer Spion gebrandmarkt zu einem Jahr Gefängnis verurteilt. Den Zugführer Felix Giller belobigte die DR für „seine Aufmerksamkeit und sein vorbildliches Handeln". Ein Fernsehfilm „Verspätung in Marienborn" stellte die Szenen überspitzt nach [12].

Ein Flüchtling wurde aus Gründen der Politik geopfert. Die Amerikaner befürchteten nämlich – allerdings unberechtigt –, dass die Sowjets diese Dienstzüge unterbinden würden, wie bereits zur Berliner Blockade vom 23. Juni 1948 bis 11. Mai 1949. Dies war aber nicht der einzige Flüchtling: Vier Wochen vorher war eine vierköpfige Familie auf diese Art auf den Zug gesprungen und in den Westen gelangt. Neun Monate nach der misslungenen Flucht von Siegfried Pump wurde Bernd Ziegler von den Amerikanern unter einer Sitzbank versteckt. 1964 gelangte Bernd Weber mit einem solchen Zug von den Franzosen gedeckt nach West-Berlin [12].

Ungenehmigter Personenzug nach West-Berlin

„Der Zug fuhr bis Endstation Freiheit" überschrieb am 7. Dezember 1961 der West-Berliner „Tagesspiegel" seinen Beitrag über die gelungene Flucht mit einem Personenzug über die Grenze bei Albrechtshof nach West-Berlin [13, 14]. Dortige Journalisten waren zuerst am „Tatort" und füllten den Blätterwald. Die DDR bezeichnete diese Flucht als *„einen verbrecherischen Anschlag auf den Schnellzug Hamburg – Berlin"*. Frech wurde behauptet, dieser sollte auf einen in West-Berlin auf freier Strecke haltenden Personenzug auffahren und ein schweres Eisenbahn-Unglück herbeiführen. Nur durch das *„beherzte und mutige Verhalten"* des Zugführers Seidel sei eine *„Katastrophe"* verhindert worden. Dieser *„Anschlag sei von Westberlin aus bis ins einzelne geplant und vorbereitet worden"*.

Nicht von West-Berlin, sondern von Oranienburg aus hatte der damals 27-jährige Lokomotivführer Harry Deterling die Flucht seiner und weiterer Familien mit Hab und Gut geplant und vorbereitet. Unter dem Vorwand, seine Streckenkenntnis nach Albrechtshof auffrischen zu müssen, kundschaftete er die dortigen betrieblichen Bedingungen und Sicherheitsvorkehrungen aus. Bei seinem beabsichtigten Grenzdurchbruch mit dem Zug durfte unter keinen Umständen ein anderer entgegenkommen, um einen Zusammenstoß zu vermeiden. Günstig war das in der Dunkelheit unmittelbar bevor ein aus Hamburg kommender Interzonenzug nach West-Berlin fahren sollte. Die Grenzposten hätten dann annehmen müssen, statt einem Fluchtversuch wäre es der planmäßig nachfolgende Zug und hätten auf Schüsse verzichtet. Einen solchen Fahrplan gab es tatsächlich. Um während der Fahrt ein Ziehen der Notbremse wirkungslos zu machen, musste allmählich die Hauptluftleitung der Druckluftbremse entlüftet werden, sodass nur die Zusatzbremse der Lokomotive wirken konnte. Ab 10. Dezember 1961 war ein neuer Fahrplan angekündigt, nach dem die Hamburger Züge statt über Albrechtshof künftig über Griebnitzsee fahren sollten. Harry Deterling gelang es kurzfristig, für den 6. Dezember 1961 im abendlichen Spätdienst einen Personenzug zu fahren, dessen Endstation Albrechtshof sein sollte, doch schließlich West-Berlin war. Auf dem Weg nach Albrechtshof waren noch 32 Personen im Zug, 24 von ihnen waren eingeweiht. Ohne dass ein Schuss fiel, hielt der Zug kurz nach 20.45 Uhr 1.400 Meter hinter der Grenze. Ein überraschter Volkspolizist, ein wütender Zugführer und weitere fünf Fahrgäste liefen nach Albrechtshof zurück. Ein 17-jähriges Mädchen verblieb in West-Berlin, um hier ihre Eltern zu treffen. In Albrechtshof nutzten zwei junge Männer das Chaos, durch den unbewachten Stacheldraht zu flüchten. Bereits der nachfolgende Interzonenzug wurde

„Der deutsche Bundesbahnbeamte“ berichtete in seiner Nr. 24/1961 über die gelungene Flucht mit einem Personenzug nach West-Berlin. Allerdings ist die „Durchbruchsgeschwindigkeit“ mit 75 km/h übertrieben. Slg. Peter Bley, Berlin

Flucht in die Freiheit

Mit Lok und Wagen nach Westberlin geflüchtet

Harry Deterling, bis vor kurzem Lokführer bei der „Deutschen Reichsbahn“ und in Oranienburg nördlich von Berlin wohnhaft, konnte am 6. Dezember seinen 28. Geburtstag in Freiheit feiern. Einen Tag vorher war er mit seiner Familie, Freunden und Bekannten nach Westberlin geflüchtet — mit der Lok und einem Eisenbahnwagen.

Harry Deterling hat seit seinem 18. Lebensjahr auf der Lokomotive gestanden, zunächst als Heizer, seit 1955 als Lokführer. Schon am 13. August, dem Tag der Errichtung der Schandmauer quer durch Berlin, faßte er den Plan zur Flucht. Aber die Gelegenheit mußte erst noch gefunden werden.

Am Tage der Flucht meldete er sich freiwillig zu der Fahrt auf der Strecke Oranienburg — Albrechtshof, 500 Meter von der Westberliner Stadtgrenze entfernt. Am 30. November hatte Deterling erfahren, daß der Interzonenzugverkehr Hamburg — Berlin ab 10. Dezember nicht mehr über diese Strecke geführt werden sollte. So blieb ihm nur noch kurze Zeit für eine Flucht auf diesem Wege.

Seine Verwandten und Freunde bestellte er zum 5. Dezember abends auf den Bahnhof Oranienburg. Mit 75 km Stundengeschwindigkeit durchfuhren Lok und Wagen den Grenzbahnhof Albrechtshof trotz des Protestes des Zugbegleiters. Die Notbremse war für alle Fälle unbrauchbar gemacht. Die auf dem Bahnhof stationierten „Volkspolizisten“ waren so verblüfft, daß sie keiner Reaktion fähig waren. In dem allgemeinen Durcheinander auf dem Bahnhof Albrechtshof gelang es dabei zwei jungen Männern, durch den in diesem Augenblick unbewachten Stacheldraht ebenfalls nach Westberlin zu flüchten. Auf freier Strecke in Westberlin hielt der Zug.

Sieben Fahrgäste, die auf der Strecke in der Sowjetzone noch nichtsahnend zugestiegen waren, blieben im Zug und wurden von einer „Reichsbahn“-Lok später mit Genehmigung der Westberliner Polizei abgeholt.

Acht Männer, zehn Frauen und sieben Kinder erreichten auf diese abenteuerliche Weise die Freiheit. 24 Stunden später rissen stark bewachte Arbeitskommandos an der Grenze nach Westberlin die Schienen auf und zogen Stacheldraht quer über die Bahnlinie. Der die Strecke bisher benutzende Interzonenzug aus Hamburg ist inzwischen umgeleitet worden.

Die Bahnlinie Albrechtshof – Spandau, auf der Harry Deterling mit 24 Personen in einem Eisenbahnzug nach West-Berlin durchfuhr, wurde bald danach von sowjetzonalen Volkspolizisten blockiert. Foto: ap

wegen einer „Betriebsstörung“ über Griebnitzsee umgeleitet. Am Morgen unterbrachen Bautrupps die Strecke zwischen Albrechtshof und Berlin-Spandau [15]. In publizistisch wirksamer Form flimmerte schließlich der Streifen „Durchbruch Lok 234“ über den Bildschirm, in dem die Flucht nachgestaltet wurde.

Fluchtpunkt Bahnhof Berlin Friedrichstraße

Der Bahnhof Berlin Friedrichstraße war eine der perfekt gesicherten Nahtstellen im deutsch-deutschen Eisenbahnverkehr, der als Grenzbahnhof Geschichte schrieb. Doch die eigentliche „Staatsgrenze West“ war erst in km 5,3 am westlichen Widerlager der Brücke über den Humboldthafen unmittelbar am heute nicht mehr vorhandenen Lehrter Stadtbahnhof. Das waren vom Bahnhof Friedrichstraße noch rund 1.500 Meter. Diese Unkenntnis ist vielen Fluchtwilligen zum Verhängnis geworden.

Einer der Ersten, der hier an der Grenze ums Leben kam, war Günter Litfin, der bis zum Mauerbau in West-Berlin gearbeitet hatte. Er versuchte am 24. August 1961, gegen 16.15 Uhr, über das Bahngelände vom Bahnhof Berlin Friedrichstraße zum Lehrter Stadtbahnhof nach West-Berlin zu gelangen. Ein Posten der Transportpolizei forderte ihn auf, stehen zu bleiben, doch er sprang von der Brücke ins Wasser des Humboldthafens, um schwimmend das andere Ufer zu erreichen. Nach weiteren Warnungen wurde von der Transportpolizei mit der Maschinenpistole Sperrfeuer gegeben. Weil der Flüchtling nicht darauf reagierte, zielte der Posten. Günter Litfin erhielt einen tödlichen Kopfschuss und versank. Erst nach drei Stunden wurde der Tote aus der Spree geborgen [16].

Nach vier vergeblichen Fluchtversuchen kam der Oberschüler Wolfgang Schulze auf die Idee, dort zu türmen, *„wo die Grenzsoldaten am wenigsten damit rechnen würden"*, nämlich im Bahnhof Berlin Friedrichstraße. Etwa 120 Meter hinter dem Bahnhof gab es einen Torweg südlich der Bahn, der zu einem Kohlenlagerplatz führte. Aus der Viaduktmauer waren Steine herausgebrochen. Ursprünglich bestand hier eine Treppe vom Heizwerk, die auf Forderung der Grenztruppen im Frühjahr 1962 abgebaut werden musste. In den noch vorhandenen Löchern konnte man auf das Bahngelände klettern. Die anfahrenden Züge hatten hier höchstens eine Geschwindigkeit von 25 km/h, sodass Gelegenheit zum Aufspringen bestand. Im Winter 1963/64 rollte jeden Abend 20.53 Uhr der „Moskwa-Paris-Express" aus dem Bahnhof nach Westen. Der Oberschüler – Adoptivsohn des späteren DDR-Postministers – gewann für die Flucht 16 junge Leute, davon sieben Klassenkameraden der Max-Planck-Oberschule aus Berlin Mitte, von denen einige wegen versuchter Republikflucht bereits von der Schule verwiesen worden waren. Innerhalb von drei Wochen sollte die Massenflucht gelingen. Wolfgang Schulze sprang am 9. Januar 1964 als Erster auf den ausfahrenden Zug. Weitere acht folgten ihm in den nächsten elf Tagen auf gleichem Weg, entweder einzeln oder zu zweit, unbemerkt von den Grenzwachen. Am 13. Januar 1964 rutsche der Letzte ab, wurde im Schotterbett von Kameraden haltend mitgeschleift, bis die Kräfte nachließen. In seiner Panik schleppte er sich zum Versteck und sprang dann etwa sechs Meter tief, brach sich beide Füße und einen Arm. Am 6. Februar 1964 spürte ihn das MfS auf; er musste für sechs Monate hinter Gitter [17]. Das Fluchtloch wurde verstopft, die Geländer der Viaduktstrecke mit mannshohen Sichtblenden verstärkt, die nicht überklettert werden konnten, Fenster der unmittelbar benachbarten Wohnungen vergittert oder zugemauert, sogar Wohnungen geräumt und abgerissen.

Doch noch einmal hatte Mitte der achtziger Jahre ein junger Mann Glück: Vom benachbarten Eckhaus an der Albrechtstraße überwand er die Lücke zum Viadukt, nutzte ein Loch in der Sichtblende und sprang auf einen ausfahrenden Zug auf, dessen Wagen glücklicherweise noch keine Türblockiereinrichtungen besaßen [18].

Fatale Fluchtfolgen

Jede Form einer gelungenen Flucht ist einmalig und nicht wiederholbar. Für die Grenzsicherungsorgane der DDR waren das im Prinzip beliebte Analysen ihrer Schwachstellen im Grenzregime. Jedes erkannte „Loch" in der Mauer wurde daraufhin zugestopft, und Fluchtwillige mussten andere Möglichkeiten erkunden, um in das andere Deutschland zu gelangen. Es ist makaber, aber wahr: Die Flüchtlinge selbst sorgten mit ihrem Ideenreichtum dafür, die Grenzanlagen zu perfektionieren, sie unüberwindbar zu machen.

Erst 1989 gelang wieder fünf Personen die Flucht mit einem Zug, jedoch nicht auf einem der gut gesicherten Grenzbahnhöfe, sondern am 1. Oktober 1989 in Dresden Hbf und am 6. Oktober 1989 in Plauen (Vogtl) ob Bf, als DDR-Flüchtlinge aus der Prager BRD-Botschaft mit Zügen über die DDR in den Westen abgeschoben wurden; sie nutzten den Halt aus, um auf den anfahrenden Zug in Richtung Freiheit aufzuspringen [15].

Seiten 41–43:
Auszüge aus der „Dienstvorschrift zur Durchführung des Eisenbahnverkehrs zwischen der DDR und der BRD", DV 523, Teilheft (Th.) 3: Dienstzüge der Alliierten. Slg. Kuhlmann

(3) Die Durchführung der Laufkontrolle der Besatzerzüge ist in die Verfahrensweise der Laufkontrolle für durchgehende Züge gemäß § 9 Absätze 3 bis 7 der DV 523 Th. 2 mit einzubeziehen.

§ 9

Festlegung der Haltbahnhöfe für Betriebshalte

Die Festlegung der Haltbahnhöfe für Betriebshalte der Besatzerzüge hat nach den Bestimmungen des § 10 der DV 523 Th. 2 zu erfolgen.

§ 10

Zugpersonal

(1) Besatzerreisezüge sind zwischen Helmstedt und Potsdam Stadt, Militärgüterzüge zwischen Helmstedt und Westberlin mit einem Zugführer zu besetzen. Die eingesetzten Zugpersonale müssen den geltenden Kaderrichtlinien entsprechen und mit den erforderlichen Dokumenten ausgerüstet sein.

Für die Unterrichtung und Schulung der Zugpersonale gilt der Abschn. 1.5.1. der DV 523 Th. 1.

(2) Die Zugpersonale der Deutschen Reichsbahn haben das Recht, ein geeignetes Abteil des Zuges als Dienstabteil zu benutzen.

(3) Bei Besatzerreisezügen können zwischen Potsdam Stadt und dem Bestimmungsbahnhof der Deutschen Reichsbahn in Westberlin dem Triebfahrzeugführer die Aufgaben des Zugführers gemäß den FV übertragen werden.

(4) Für Besatzer-Sonderreisezüge trifft der Hauptstab für die operative Betriebsleitung der Deutschen Reichsbahn hinsichtlich der Besetzung mit Zugpersonal besondere Festlegungen.

(5) Wird dem Zugpersonal der Deutschen Reichsbahn das gemäß Abs. 2 vorgesehene Dienstabteil nicht zur Verfügung gestellt oder die Dienstausführung des Zugpersonals durch Angehörige der Besatzungstruppen behindert (z. B. Beschränkungen beim Betreten oder Verlassen sowie bei der freizügigen Bewegung innerhalb des Zuges, Forderungen nach Mitfahrt von Angehörigen der Besatzungstruppen auf dem Triebfahrzeug u. dgl.) ist dies als Eingriff in den Zugbetrieb gemäß § 30 zu behandeln.

§ 11

Abfertigung der Züge

(1) Besatzerreisezüge sind auf den Abgangsbahnhöfen der Deutschen Reichsbahn in Westberlin durch Bahnsteigaufsichten abzufertigen. Maßgebend ist der Fahrplan.

(2) Wird die planmäßige Abfahrt der Züge durch Angehörige der Besatzungstruppen behindert, ist unter Angabe der Gründe sofort die Dispatcherleitung und von dieser die Oberdispatcherleitung zu verständigen.
Die Oberdispatcherleitung verständigt

a) den Vizepräsidenten für Transportorganisation und Fahrzeuge bzw. den Chef vom Dienst der Reichsbahndirektion

b) den Diensthabenden der Reichsbahndirektion

c) die Hauptabteilung I der Reichsbahndirektion und

d) die Hauptdispatcherleitung.

Diese Züge dürfen nach Wegfall der Behinderung nur dann verspätet abfahren, wenn hierzu die Zustimmung der Hauptdispatcherleitung vorliegt.

VI. Spezielle Regelungen an Staatsfeiertagen der Deutschen Demokratischen Republik

§ 24
Ausschmückung der Triebfahrzeuge

(1) Die Triebfahrzeuge der Besatzerreise- und Militärgüterzüge fahren von Marienborn bis Potsdam Stadt und umgekehrt an den Staatsfeiertagen der Deutschen Demokratischen Republik in der Zeit von 0.00 Uhr bis 24.00 Uhr mit Flaggen der Deutschen Demokratischen Republik und der Arbeiterklasse.

(2) Die an der Zugförderung beteiligten Bahnbetriebswerke haben an den obengenannten Tagen die zum Einsatz kommenden Triebfahrzeuge mit diesen Flaggen auszurüsten. Auf den Bahnhöfen Marienborn und Potsdam Stadt sind bei der Aufsicht genügend Reserven an Flaggen vorrätig zu halten.

(3) Die Vizepräsidenten für Transportorganisation und Fahrzeuge der Reichsbahndirektionen Magdeburg und Berlin haben zu gewährleisten, daß an diesen Tagen auf den Bahnhöfen Marienborn und Potsdam Stadt sowie in den Dispatcherleitungen Magdeburg und Berlin 2 je eine Überwachung erfolgt.

(4) Die Leiter der Bahnbetriebswerke, deren Triebfahrzeuge zur Förderung von Besatzerzügen eingesetzt sind, und die Leiter der Zugbegleiter-Heimatbahnhöfe, deren Zugbegleitpersonale Besatzerzüge begleiten, haben diese Triebfahrzeug- bzw. Zugbegleitpersonale bei Dienstantritt in der politischen Bedeutung der Beflaggung der Züge zu unterweisen sowie über ihre Aufgaben bei der Beförderung der Züge für die in Westberlin stationierten Besatzungstruppen an den Staatsfeiertagen zu unterrichten. Die Namen der Personale sind bei Dienstantritt durch die Leiter der Bahnbetriebswerke bzw. der Zugbegleiter-Heimatbahnhöfe mit der Bestätigung der Unterweisung fernmündlich an die Dispatcherleitung zu melden.

Eine wohl einmalige Sicherungsanlage für einen Bahnübergang befand sich in Staaken an der Feldstraße: Statt Schranken waren im Grenzgebiet Rolltore zu beiden Seiten der Bahn vorgeschrieben. Foto: Peter Bley

Grenzbahnhöfe zur Festung ausgebaut

Bahnhöfe und Bahnanlagen im Grenzgebiet zur BRD und nach West-Berlin zu sichern, war erst nach dem Bau der Mauer am 13. August 1961 nötig. Bis dahin bestand zu jeder Zeit die gefahrlose Möglichkeit, über die noch offene Grenze nach West-Berlin zu fahren und dort zu bleiben. Nachdem nun dies nicht mehr möglich war, wurde von den Organen der DDR jedes noch so kleine Schlupfloch zugestopft. Jetzt mussten die Fluchtwilligen die Löcher im Grenzregime erkunden, um ohne Gefahr oder nur mit wenig Risiko in das andere Deutschland zu gelangen.

„Gesiebte" Personale

In den Nachkriegsjahren konnten Eisenbahner ungehindert die Zonengrenze bzw. später die Demarkationslinie passieren oder in ihrer Nähe auf den Dienstposten arbeiten. Eine besondere Auswahl der „Kader" gab es noch nicht.

Am 3. März 1951 hatte das neu gebildete Ministerium für Staatssicherheit (MfS) der DDR für jeden Eisenbahner im Auslandseinsatz gefordert, eine Personalakte mit Lebenslauf, Fragebogen, Tätigkeiten während der Nazizeit, Aufstellung der Verwandtschaft mit deren Wohnsitz und früheren und jetzigen Parteizugehörigkeiten anzulegen. Ohne Vorlage dieser nur dem MfS zugänglichen Personalakte werde kein Auslandspass mehr ausgestellt, heißt es in dieser Verfügung, alle übrigen Arbeiten hätten sich konspirativ zu vollziehen [19]. Trotz der inzwischen einsetzenden Bestrebungen der DDR, sich vom Westen abzugrenzen, galt die BRD zweifellos (noch) nicht als Ausland.

Auch als die DDR am 9. Juni 1952 die „Verordnung über Maßnahmen an der Demarkationslinie zwischen der DDR und den westlichen Besatzungszonen Deutschlands" erließ, änderte sich nur wenig, abgesehen von den auf den Grenzbahnhöfen nun tätigen Bahnhofskommandanten der Deutschen Grenzpolizei (DGP), die seit 16. Mai 1952 dem MfS unterstand. Im Wesentlichen war bis 1961 der Interzonenverkehr recht problemlos, und es gab keine Einschränkungen für die Personale. Selbst die Kontrollen an den Übergangs-, später Grenzbahnhöfen waren sehr loyal, oft entfielen die Kontrollen der Eisenbahner, obwohl der DGP und dem Amt für Zoll und Kontrolle des Warenverkehrs (AZKW) das vorgeschrieben war, aber man kannte sich eben. Auch Kontakte zu den Eisenbahnern der DB waren geduldet, obwohl einige Eisenbahner in Ost und West einen Tauschhandel in mehr oder weniger großem Stile aufzogen. Wurden sie erwischt, gab es zwar eine Anzeige wegen Vergehens im innerdeutschen Zahlungsverkehr, selten Verhaftungen, aber dienstliche Konsequenzen hatte das keine.

Das alles änderte sich grundsätzlich nach dem Mauerbau. Wer von den Eisenbahnern in Grenznähe, auf Grenzbahnhöfen arbeiten oder gar ins „Ausland" BRD fahren sollte, wurde (vom MfS) gründlich überprüft. Von den bei der Volkspolizei, Abt. Pass- und Meldewesen, eingereichten Anträgen wurde nur etwa die Hälfte genehmigt. Nicht unbedingt die Mitglieder der staatstragenden Sozialistischen Einheitspartei Deutschlands (SED) waren gefragt (!), sondern die Eisenbahner mussten in geordneten Familienverhältnissen leben, möglichst viel besitzen (z. B. Auto, Haus, Grundstück), mehrere Kinder haben – um an die DDR gebunden zu sein –, aber auch einen festen Klassenstandpunkt besitzen, die Treue zu Partei und Regierung beweisen und imstande sein, die Interessen der DDR im Ausland zu vertreten. Ein für Auslandsfahrten Ausgewählter musste sich in einem zehnseitigen Fragebogen bis in alle private Einzelheiten offenbaren.

Die ausgewählten Eisenbahner erhielten 1961/62 zunächst einen Vermerk auf dem Dienstausweis, auf welchen Arbeitsplätzen sie tätig sein durften, später einen mit einem roten Diagonalstreifen („Rotstrichkarte"). Da solche Ausweise auch an andere Eisenbahner oder gar Fremde ausgeliehen wurden, zog man sie von den Dienststellen ein, verwahrte sie in Panzerschränken, gab sie nur bei Dienstbeginn an die Beschäftigten aus, die diese Ausweise nach Schichtschluss wieder abgeben mussten. Damit bestand zu jeder Zeit ein Überblick, wer im Grenzgebiet oder grenzüberschreitend tätig war und ob die vorgegebenen Dienstzeiten nicht überschritten wurden [20]. Zug- und Lokpersonale mit einem „Grenzüberschreitungsausweis" bezeichnete man als Passpersonale, die man in besonderen Dienstplänen zusammenfasste. Kontakte zu Eisenbahnern der DB waren unerwünscht und hatten nur dienstlich zu sein. Annäherungsversuche von „BRD-Bürgern" mussten der Dienststelle sofort gemeldet werden. Das MfS hatte seine Augen und Ohren auch auf den Bahnhöfen der DB und wusste über vieles Bescheid. Wer nicht reagierte, musste seinen Pass abgeben und künftig andere Tätigkeiten verrichten, falls ihm nicht gar „ungesetzliche Verbindungsaufnahme" vorgeworfen werden konnte.

Sperrgebiet in der Sperrzone

Damit Züge nicht für Fluchtversuche genutzt werden konnten, wurden als eine der ersten Maßnahmen die Grenzbahnhöfe von allen Seiten umzäunt und gesichert. Die dort arbeitenden Eisenbahner durften das Gelände nur mit besonderen Dienstausweisen betreten. Später behielt die Dienststelle diese ein und gab sie nur für die Zeit der angeordneten Tätigkeit auf dem Stellwerk, in der Güterabfertigung usw. aus, um einem „Missbrauch" mit diesem Dienstausweis vorzubeugen. Vielfach erachteten die Organe einen Zaun um den Bahnhof als nicht ausreichend, zogen deshalb einen zweiten oder „mauerten" ihn ein. Damit entstand innerhalb des Grenzsperrgebietes zusätzlich eine besondere Sperrzone für die Bahn. In der Nacht waren die Bahnanlagen taghell erleuchtet. Beschau- bzw. Kontrollbrücken führten über die Gleise und waren mit Posten besetzt, die mit Scheinwerfern zwischen die Züge in die Gleisgassen leuchten konnten. Ebenso gab es an den Bahnhofsflanken Postentürme bzw. Beobachtungsstände auf Stellwerken. Mit einer solchen Überwachung war es unmöglich, sich unbemerkt in dem abgesperrten Gebiet zu bewegen.

Es verwundert, dass es nach der Flucht mit einem Zug vom Dezember 1961 noch bis zum Sommer 1966 dauerte, bis die als „Grundsätze über die besonderen Maßnahmen auf Grenzbahnhöfen" getarnten technischen Sicherheitsvorschriften vorlagen. Wahrscheinlich waren es die Hauptabteilungen XIX (Sicherung des Verkehrswesens) und VI (Sicherung und Kontrolle der Grenze) des MfS, die die Sicherheit bis ins Unendliche steigern wollten, aber letztlich an den Einsprüchen der Staatlichen Bauaufsicht zur praktischen und finanziellen Realisierbarkeit scheiterten. Zu dieser Zeit gab es zwar bei der DR noch die so genannten Y-Signale vor der Grenze, aber eine wirksame Zugbeeinflussung fehlte, die einen Halt erzwungen hätte. Sonst hätte die DR sicherlich recht schnell im Interesse der Grenzsicherung ihre Lokomotiven und besonders die Grenzbahnhöfe mit induktiver Zugbeeinflussung (Indusi, PZB) ausrüsten können, obwohl auch sie mit der Befehlstaste kurzzeitig abschaltbar ist.

Auf den als Grenzbahnhöfe bezeichneten Betriebsstellen konnte täglich mit einem „gewaltsamen Grenzdurchbruch" mit einem Zug, nur mit einer Lokomotive oder mit einem Schienenkleinwagen (Skl) in irgendeiner Form gerechnet werden. Deshalb galt es in erster Linie, ungenehmigte Durchfahrten zu unterbinden.

Nur in Einzelfällen, wie für den Bahnhof Berlin Friedrichstraße, lässt sich für Grenzbahnhöfe nachweisen, wie man mit eisenbahntypischen Sicherungseinrichtungen Durchfahrten verhinderte. Für die beiden auf diesem Bahnhof zwischen den Einfahrsignalen

Abschnitt2: Stadtbahn Friedrichstraße bis Staatsgrenze Humboldthafen - Nord-Süd/-Bahn von Potsdamer-Platz bis Nordbahnhof einschließlich Liesenbrücke.

1) Über die Weiche 21a, b (Ausfahrt Bahnhof Friedrichstraße in Richtung Westen) ist technisch unter Nichtbeachtung der Sicherungsbestimmungen der Reichsbahn ein Grenzdurchbruch möglich.
Möglichkeit besteht darin, wenn Gleis 1 oder 2 Ausfahrt hat, so kann auch der Zug, der auf dem anderen Gleis steht, ausfahren, indem er die Weiche C/D aufschneidet und somit in Richtung Westen gelangt. Ursache dafür ist, daß die Weiche A/B nur einen Weichenantrieb hat und dabei keine Abhängigkeit besteht. An der Weiche sind solche Veränderungen vorzunehmen, daß keine Grenzdurchbrüchsmöglichkeiten mehr bestehen.
Termin:

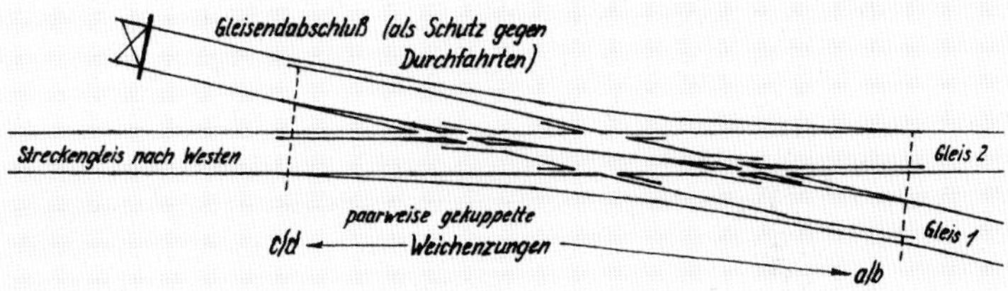

Auszug aus den Auflagen des Nationalen Verteidigungsrates der DDR an die DR in einem internen Schreiben vom 28. Februar 1962. Gewöhnlich gab man keine Begründungen für die geforderten Maßnahmen. Hier musste man deutlicher sein. Doch ließen Signalbauvorschriften der DR und die Bauaufsicht das Trennen der paarweisen Weichenzungen nicht zu. Deshalb baute man im Streckengleis nach Westen später eine Gleissperre ein. Zeichnung: Kuhlmann, Ausriss aus [21]

und ersten Weichen eingebauten Gleissperren benötigte man noch eine Ausnahmegenehmigung des Ministers für Verkehrswesen der DDR, weil sie in Hauptgleisen, also in von Zügen befahrenen Gleisen, grundsätzlich verboten waren.

Anfang des Jahres 1962 besichtigte eine Kommission des Nationalen Verteidigungsrates der DDR die Grenzbereiche, u. a. den der Stadtbahn zwischen Berlin Friedrichstraße und der Brücke über den Humboldthafen. Sie stellte fest, dass über die doppelte Kreuzungsweiche (DKW) 22 (im auszugsweisen Protokoll vom 28. Februar 1962 als 21 bezeichnet) bei freigegebener Ausfahrt nach Westen aus Gleis 1 oder 2 jeweils auf dem Nachbargleis ein Zug durch Aufschneiden der DKW nachfahren könne [21]. Ohne jede technische Kenntnis über DKW wurden Veränderungen gefordert, die auf die im Protokoll genannte Art absolut nicht realisierbar waren. Richtig war allerdings, dass aus dem jeweiligen Nachbargleis ein Nachfahren eines weiteren Zuges möglich war, wenn ein Zug gerade Ausfahrt Richtung Westen erhielt. Denn die Zungen einer DKW sind paarweise gekuppelt und zeigen dann nicht auf den Gleisendabschluss, wie die Zeichnung erläutert. Deshalb musste westwärts eine weitere Gleissperre eingebaut werden, die zwar ein Nachfahren nicht völlig ausschloss, aber sofort nach Ausfahrt des Zuges wieder aufgelegt werden musste, bevor die gesamte Fahrstraße mit allen Weichen freigefahren war und dann erst aufgelöst werden konnte. Damit entstand eine der Regelungen, die später für die so genannten besonderen Schutzweichen (und auch Gleissperren) in und nach Streckengleisen als besonderer Teil der Ein- oder Ausfahrstraße von der DR vorgeschrieben wurde. Viele solche geforderten Einzelregelungen summierten sich im Laufe der Zeit.

Die Hauptverwaltung des Sicherungs- und Fernmeldewesens (Hv SF) des MfV der DDR gab deshalb mit Gültigkeit ab 1. Juli 1966 „Grundsätze über besondere Maßnahmen auf Grenzbahnhöfen“ heraus, die nur an der Staatsgrenze West der DDR galten. Im Hintergrund dieser Weisung stand die Inspektion des Ministers (später des Staatssekretärs bzw. des Generaldirektors), in der „Offiziere im besonderen Einsatz“ (OibE) die Aufträge des MfS und auch des MdI durchsetzten. Offenbar war man lange Zeit der Ansicht, es reiche aus, auf Grenzbahnhöfen keine Durchfahrstraßen einzubauen, also Durchfahrten nur technisch auszuschließen.

Nach den neuen Grundsätzen waren auf Grenzbahnhöfen Durchfahrten generell nicht zugelassen. Sicherungstechnisch musste bei einer Einfahrt in ein Gleis die gleichzeitige Fahrt-Stellung des Ausfahrsignals verhindert werden, und zwar in beiden Fahrtrichtungen. Mehr noch: Eine Ausfahrt in Richtung Grenze konnte vom Fahrdienstleiter erst zeitverzögert nach dem Auflösen der Einfahrstraße aufgebaut werden. In der Regel dauerte das je nach der Örtlichkeit fünf bis acht Minuten, 1971 bis 1978 auf dem Bf Wartha (Werra) gar zehn Minuten (waren jedoch bei Netzausfall wirkungslos!). Später senkte man diese Zeit bis auf drei Minuten. Letzteres galt nur für Züge, die keiner oder nur kurzer Kontrolle der Sowjetarmee unterlagen, also die Dienstzüge der westlichen Alliierten (in den Fahrplänen mit Zuggattung Db oder Dgb bezeichnet, wobei das „b" für Besatzungsmacht stand), die auf einem solchen Bahnhof keinen Lokwechsel hatten.

Trotzdem gab es für diese Züge Ausnahmen. Auf dem Grenzbahnhof Griebnitzsee bestanden für Gleis 1 Durchfahrstraßen in beiden Richtungen, weil hier die Dienstzüge der westlichen Alliierten nicht halten durften, sondern erst in Potsdam (Stadt) von den Sowjets – wenn überhaupt – kontrolliert wurden. Während für Fahrten in Richtung Westen über Gleis 1 in Griebnitzsee keinerlei Abhängigkeiten bestanden, konnte in der Gegenrichtung, also nach West-Berlin, in Potsdam (Stadt) eines der Ausfahrsignale für die Gleise 3 und 75 (Kontrollgleise für die Dienstzüge) erst auf Fahrt gestellt werden, wenn in Griebnitzsee über Gleis 1 die Durchfahrt eingestellt war. Das bedeutete, die gesamte Strecke von Potsdam (Stadt) bis Berlin-Wannsee musste frei sein, bevor ein Db- oder Dgb-Zug dort abfahren durfte. Leistungssteigernd war das keinesfalls, aber um der „Sicherheit" willen wurden keine Kosten und Zugeständnisse gescheut.

Keine Zugfahrt ohne Mitwirken der Grenztruppen

Auf den Grenzbahnhöfen arbeiteten Mitarbeiter des Grenzzollamtes (GZA), waren Tag und Nacht die Soldaten der Grenztruppen (GT) mit ihrem Kommandanten bzw. Diensthabenden Offizier (DHO) der Grenzübergangsstelle (Güst) zum Bewachen und Absichern des Geländes und der Züge eingesetzt. Kontrollen von Reisenden, Eisenbahnern und anderen Personen sowie von Gütern und Fahrzeugen führten die Angehörigen der Passkontrolleinheit (PKE) des MfS aus, die jedoch Uniformen der Grenztruppen mit einem unauffälligen Ärmelstreifen „Passkontrolleinheit" trugen. Die PKE und nicht die GT bestimmte, was auf dem Grenzbahnhof zu tun oder zu lassen war, auch für alle Zugfahrten.

Die Ausfahrsignale in Richtung Grenze durften nur mit Zustimmung des DHO der Grenztruppen auf Fahrt gestellt werden, ab 1988 dehnte man das auf alle Zugfahrten im Grenzbahnhof aus. Der DHO musste dafür vorher die Zustimmung der PKE abwarten bzw. einholen.

Die früher übliche zugelassene mündliche oder fernmündliche Zustimmung des DHO wurde bald wegen möglicher Übermittlungs- oder Hörfehler bzw. wegen gewollter Ignoranz der Eisenbahner gegenüber den Grenztruppen durch technische Einrichtungen für jedes Gleis ersetzt, und zwar durch Schlüsselabhängigkeit, Lichtzeichen oder gar blockelektrisch.

Auf dem Grenzbahnhof Griebnitzsee saß der Grenzoffizier mit im Stellwerk und gab mit Schlüssel die Zustimmung zum Stellen der Ausfahrsignale. Nach dem zweigleisigen Ausbau der Strecke Berlin-Wannsee – Griebnitzsee – Potsdam (Stadt) und Inbetriebnahme eines elektromechanischen Stellwerks in Griebnitzsee am 28. November 1983 erhielt der Führungspunkt der GT ein Gleisbildstellpult, von dem aus mit Tasten die Zustimmung blockelektrisch erteilt wurde. Auch auf dem Grenzbahnhof Staaken gab es seit seiner Wiedereröffnung für den Reiseverkehr am 26. September 1976 für die GT ein solches Gleisbildstellpult. Mit dem Erteilen der Zustimmungen zum Stellen der Signale bzw. mit der Freigabe der im und nach dem Streckengleis vorhandenen besonderen Schutzweichen waren die Grenzsoldaten nach den Dienstvorschriften der DR streng genommen zu Bedienern von Sicherungsanlagen geworden. Sie mussten jedoch keine Ausbildung absolvieren, keine örtliche Prüfung ablegen und wurden auch von den alljährlichen Betriebs- und Personalprüfungen der DR verschont.

Grundsätzlich forderte man auf Grenzbahnhöfen, dass für das Einstellen von Ausfahrten in Richtung Grenze stets zwei Betriebseisenbahner örtlich getrennter Dienstposten mitwirken mussten. Davon durfte bei Zentralstellwerken abgewichen werden (z. B. Staaken), jedoch hatten in jedem Fall die GT sicherungstechnisch mitzuwirken.

Schutzweichen in und nach Streckengleisen

In Richtung Grenze waren für Grenzbahnhöfe zwischen Einfahrsignal und ersten Bahnhofsweichen so genannte „besondere Schutzweichen" für beide Fahrtrichtungen eines Gleises vorgeschrieben, bei zweigleisigen Strecken auch für eventuelle Fahrten auf dem linken Gleis. Damit sollten sowohl ungenehmigte Ausfahrten in Richtung Westen, als auch angenommene Durchbrüche von dort aufgehalten werden, praktisch im „Dreck" enden, wie der Eisenbahner sagt. Diese Weichen wiesen in Grundstellung, in der sie verschlossen waren, jeweils auf einen festen Gleisendabschluss, obwohl auf ihn wegen Sichtbehinderung im Schussfeld meistens verzichtet wurde.

Diese besonderen Schutzweichen (oder auch Gleissperren) waren stets fernbedient und signalabhängig. Sie bildeten einen besonderen Teil der Fahrstraßen für Ein- und Ausfahrten (als Teilfahrstraßen oder über Hebelsperren) und wurden zum Umstellen in und aus Richtung Grenze erst freigegeben, wenn der übrige Fahrweg bereits eingestellt war und nun das Stellen des Signals unmittelbar bevorstand, die Zustimmung des DHO jedoch vorausgesetzt. In Gerstungen sicherten diese besonderen Schutzweichen gar Hauptsignale, die im verkürzten Bremsweg zu den Ausfahrsignalen standen.

Nach der Ein- oder Ausfahrt eines Zuges waren das Signal zurückzustellen und die besonderen Schutzweichen sofort in Grundstellung zu bringen und zu verschließen, bevor die übrige Fahrstraße aufgelöst werden konnte. Damit wurde die Zeit, in der die besonderen Schutzweichen auf dem Streckengleis eine Zugfahrt erlaubten, drastisch reduziert und Grenzdurchbrüche eingeschränkt. Es ist unter solch scharfen Bedingungen verständlich, dass Rangierfahrten über die besonderen Schutzweichen in Richtung Grenze grundsätzlich verboten waren.

Statt der geforderten Schutzweichen durften, wie in weiteren genannten Fällen, auch so genannte Sperrschienen (nur eine Zungenvorrichtung in einer Weiche, z. B. Drewitz Gleis 1, Staaken „Weiche" 51) und in Ausnahmefällen Gleissperren eingebaut werden. Solche Ausnahmen waren die beiden Gleissperren auf der Ostseite des Bahnhofs Berlin Friedrichstraße (Stellwerksbezirk Frio), weil besondere Schutzweichen wegen der Viaduktlage nicht angebracht waren. Auf der Westseite des Bahnhofs Wartha (Werra) wäre zwar für besondere Schutzweichen in den Streckengleisen durchaus Platz gewesen. Aber hier baute man für Fahrten aus Richtung Westen zwei Gleissperren ein, um nicht das Einfahrsignal noch mehr in Richtung Grenze versetzen zu müssen (das zugehörige Vorsignal stand bereits auf BRD-Gebiet).

Diese besonderen Schutzweichen (oder auch Sperrschienen und Gleissperren) wurden nur dann nicht eingebaut, wenn mit vorhandenen Weichen auch der gleiche Zweck erreichbar war. Z. B. nutzten auf dem Bahnhof Marienborn die Binnenzüge einen besonderen Bahnhofsteil (früher Richtung Beendorf). Zwischen Marienborn und der im Grenzstreckenabschnitt gelegenen Abzweiganschlussstelle Harbke (zum Kraftwerk) bestand eine Schutzblockstrecke: Das Ausfahrsignal in Marienborn konnte erst auf Fahrt gestellt werden, wenn das Blocksignal in Harbke in Richtung Grenze, das zuvor von Marienborn aus freigegeben worden war, Fahrt zeigte. Da weitere vorhandene Weichen ausgenutzt werden konnten, gab es auf dem Bahnhof Marienborn nur eine besondere Schutzweiche.

Nachfahren in Richtung Grenze verhindern

Erhält ein soeben kontrollierter Zug Ausfahrt auf Signal in Richtung Grenze, wäre es einem in den Nachbargleisen wartenden Zug meistens möglich,

Fortsetzung Seite 53

Seite 50–52:
Auszug aus den von der DR angeordneten „Besonderen Maßnahmen auf Grenzbahnhöfen" vom 8. Dezember 1987.
Slg. Kuhlmann

1. <u>Geltungsbereich</u>

1.1. Die Anweisung gilt für
- das Ministerium für Verkehrswesen, soweit Aufgaben im Leitungsprozeß der DR wahrgenommen werden, sowie
- die Reichsbahndirektionen, Reichsbahnämter, Bahnhöfe, Bahnmeistereien und Instandhaltungswerke für Signal-, Fernmelde- und Prozeßautomatisierungstechnik

die Aufgaben im grenzüberschreitenden Verkehr nach der BRD und Berlin (West) wahrnehmen.

1.2. Die in der Anweisung festgelegten Maßnahmen dienen der Verhinderung fahrlässiger oder gewaltsamer Grenzverletzungen der Staatsgrenze der DDR durch Schienenfahrzeuge aller Art. Sie gliedern sich in oberbautechnische, sicherungstechnische und betriebsdienstliche Maßnahmen und stellen Mindestforderungen dar.

2. <u>Grundsätze</u>

2.1. Durch zweckentsprechende Organisation der Instandhaltung und Entstörung ist die ständige Wirksamkeit der auf der Grundlage dieser Grundsätze Grenzbahnhöfe errichteten Anlagen zu gewährleisten.

2.2. Alle Einfahrten in den Grenzbahnhof und alle Ausfahrten aus dem Grenzbahnhof sind von der Zustimmung des Diensthabenden Offiziers (nachfolgend DHO genannt) der Grenztruppen der DDR abhängig zu machen.
Für alle technisch zu realisierenden Zustimmungen bzw. Freigaben des DHO der Grenztruppen der DDR sind auch Lösungen für den Störungsfall vorzusehen. Die hilfsweise Zustimmung bzw. Freigabe ist von der Mitwirkung des DHO der Grenztruppen der DDR abhängig zu machen.
Ersatzschlüssel für diese Einrichtungen sind beim DHO der Grenztruppen der DDR unter Siegelverschluß der DR aufzubewahren.

2.3. Dauernde und befristete Abweichungen von den Festlegungen dieser Anweisung bedürfen der vorherigen Genehmigung durch den Staatssekretär und Ersten Stellvertreter des Generaldirektors der DR.

2.4. Anlagen, die bei Inkrafttreten dieser Grundsätze Grenzbahnhöfe nicht den Festlegungen entsprechen, sind bis zum 31.Dezember 1989 diesen Festlegungen anzupassen.
Für Ausnahmeregelungen gilt Abschn. 2.3.

3. <u>Maßnahmen zur Verhinderung unzulässiger Durchfahrten</u>

3.1. Durchfahrten durch Grenzbahnhöfe sind grundsätzlich nicht gestattet. Für Ausnahmen gilt Abschn. 3.3.
Zum Schutz gegen unzulässige Durchfahrten sind die Fahrstraßen für die Einfahrt in ein Gleis und die Ausfahrt aus dem selben Gleis in gleicher Fahrtrichtung sicherungstechnisch auszuschließen.

3.2. Die Fahrstraßen für die Einfahrt in den Grenzbahnhof aus Richtung DDR sind durch eine besondere sicherungstechnische Schaltung verzögert aufzulösen. Hierfür gilt die Regelzeichnung 6329.800 V 5 vom 19.01.1962.
Die Verzögerungszeit ist in Übereinstimmung mit dem Kommandanten des Grenzbahnhofes festzulegen.

3.3. Abweichend von den Abschnitten 3.1. und 3.3. sind auf besonders festgelegten Grenzbahnhöfen Fahrstraßen für die Züge des Besatzerverkehrs zugelassen, die Durchfahrten gestatten.
Die Einstellung der Fahrstraßen für die Durchfahrt ist von einer besonderen, technisch zu realisierenden Zustimmung durch den DHO der Grenztruppen der DDR abhängig zu machen.

4. <u>Maßnahmen zur Verhinderung unzulässiger Ausfahrten</u>

4.1. Zum Schutz gegen fahrlässige oder gewaltsame Ausfahrten aus dem Grenzbahnhof in Richtung Staatsgrenze sind die Streckengleise, auf zweigleisigen Strecken auch das linke Streckengleis, unmittelbar durch besondere Schutz- oder Entgleisungsweichen (nachfolgend Ausfahrschutzweichen genannt) zu sichern.

4.2. Die Ausfahrschutzweichen sind in der Grundstellung vom Streckengleis abweichend zu verschließen.

4.3. Die Ausfahrschutzweichen sind grundsätzlich fernbedient einzurichten und stets in die Signalabhängigkeit einzubeziehen. Die Signalabhängigkeit für die Ausfahrschutzweichen - gegebenfall: auch für die vorhandenen Zungenriegel - im Prinzip nach der Regelzeichnung 6329.800 V 5 vom 19.01.1962 als Schlüsselabhängigk oder in gleichwertiger Art herzustellen.

4.4. Die Umstellung der Ausfahrschutzweichen von der Grundstellun in die Minusstellung ist von einer besonderen, technisch zu realisierenden Freigabe durch den DHO der Grenztruppen der DDR abhängig zu machen.

4.5. An der Einstellung von Fahrstraßen zur Ausfahrt in Richtung Staatsgrenze müssen stets, ausgenommen bei Zentralstellwerken, zwei Betriebseisenbahner von örtlich getrennten Dienstposten mitwirken.

4.6. Die Einstellung einer Fahrstraße zur Ausfahrt in Richtung Staatsgrenze ist von einer technisch zu realisierenden Zustimmung des DHO der Grenztruppen der DDR abhängig zu machen.
Diese Zustimmung muß gleisbezogen sein und darf nur für dieses Gleis wirksam sein. Die Zustimmungsanforderung erfolgt ebenfalls gleisbezogen durch den Fahrdienstleiter.
Die Zustimmungsanforderung ist grundsätzlich technisch zu realisieren.

4.7. Die besondere Freigabe der Ausfahrschutzweichen gemäß Abschn. 4.4. kann mit der Zustimmung zum Einstellen einer Fahrstraße zur Ausfahrt in Richtung Staatsgrenze gemäß Abschn. 4.6. gekoppelt sein.

4.8. Die Auflösung einer Fahrstraße zur Ausfahrt in Richtung Staatsgrenze ist von der vorherigen Rückstellung der Ausfahrschutzweichen in die Grundstellung abhängig zu machen.
Nach Auflösung der Fahrstraße müssen die Ausfahrschutzweichen wieder verschlossen sein. Die besondere Freigabe durch den DHO der Grenztruppen der DDR muß unwirksam sein.

4.9. Die Ausfahrsignale für Fahrten in Richtung Staatsgrenze dürfen nur nach Zustimmung des DHO der Grenztruppen der DDR auf Fahrt gestellt werden.
In der Regel gilt diese Zustimmung als erteilt, wenn der DHO die besondere Freigabe gemäß Abschn. 4.4. erteilt hat.
Örtliche Besonderheiten sind zwischen dem Leiter des Grenzbahnhofes und dem Kommandanten der Grenzübergangsstelle zu vereinbaren. Sie bedürfen der Bestätigung durch den Präsidenten der Reichsbahndirektion.

5. Maßnahmen zur Verhinderung unzulässiger Einfahrten

5.1. Zum Schutz gegen fahrlässige oder gewaltsame Einfahrten aus Richtung Staatsgrenze in den Grenzbahnhof sind die Streckengleise, auf zweigleisigen Strecken auch das linke Streckengleis, unmittelbar durch besondere Schutz- oder Entgleisungsweichen (nachfolgend Einfahrschutzweichen genannt) zu sichern.

5.2. Die Einfahrschutzweichen sind in der Grundstellung vom Streckengleis abweisend zu verschließen.

5.3. Die Einfahrschutzweichen sind grundsätzlich fernbedient einzurichten und stets in die Signalabhängigkeit einzubeziehen.

5.4. Die Einfahrschutzweichen gelten als maßgebender Gefahrenpunkt gemäß Ziffer 1. 503 der Grundsätze für die Ausgestaltung der Sicherungsanlagen auf Hauptbahnen und den mit mehr als 60 km/h befahrenen Nebenbahnen.

6. Maßnahmen zur Verhinderung von Nachfahrten

6.1. Nachfahrten über Gleise, für die ein Fahrweg zur Ausfahrt in Richtung Staatsgrenze eingestellt ist.

6.1.1. Zum Schutz gegen fahrlässige oder gewaltsame Einfahrten aus Richtung DDR in Bahnhofsgleise, für die eine Fahrweg in Richtung Staatsgrenze eingestellt ist, sind diese Gleise an der Einfahrseite unmittelbar durch abweisende Weichenstellung zu sichern.

6.1.2. Solange eine Fahrstraße zur Ausfahrt in Richtung Staatsgrenze eingestellt ist, sind Fahrten in dieses Gleis durch abweisende Stellung aller in dieses Gleis weisenden Weichen zwangsläufig zu verhindern.
Können die vorhandenen Weichen nicht verwendet werden, sind besondere Schutz- oder Entgleisungsweichen einzubauen.

6.1.3. Diese Schutzweichen sind fernbedient einzurichten und stets mit der Fahrstraße für die Ausfahrt in Richtung Staatsgrenze in abweisender Stellung zu verschließen.

6.2. Nachfahrten aus Nachbargleisen

6.2.1. Zum Schutz gegen fahrlässige oder gewaltsame Fahrten aus Gleisen, für die kein Fahrweg in Richtung Staatsgrenze eingestellt ist, in Nachbargleise, für die ein Fahrweg in Richtung Staatsgrenze eingestellt ist, sind diese Nachbargleise unmittelbar durch abweisende Weichenstellung zu sichern.

6.2.2. Solange eine Fahrstraße zur Ausfahrt in Richtung Staatsgrenze eingestellt ist, sind Fahrten in dieses Gleis oder in das in Richtung Staatsgrenze weisende Streckengleis durch abweisende Stellung aller in diese Gleise weisenden Weichen zwangsläufig zu verhindern.
Können die vorhandenen Weichen hierzu nicht verwendet werden, sind besondere Schutz- oder Entgleisungsweichen einzubauen.

6.2.3. Diese Schutzweichen sind fernbedient einzurichten und stets mit der Fahrstraße für die Ausfahrt in Richtung Staatsgrenze in abweisender Stellung zu verschließen.

7. Verwendung von Gleissperren

7.1. Können wegen der örtlichen Verhältnisse in Bahnhofsnebengleisen keine besonderen Schutz- oder Entgleisungsweichen gemäß den Abschnitten 6.1.2. und 6.2.2. eingebaut werden, sind dafür Gleissperren zu verwenden.

7.2. Können in begründeten Fällen wegen der örtlichen Verhältnisse in Bahnhofshauptgleise keine besonderen Schutz- oder Entgleisungsweichen gemäß den Abschnitten 6.1.2. und 6.2.2. eingebaut werden, ist die Verwendung von Gleissperren zulässig, wenn vorher die Genehmigung gemäß Abschn. 2.3. erteilt wurde.

7.3. Diese Gleissperren sind fernbedient einzurichten. Sie sind in gleicher Weise zu verschließen wie die Schutz- oder Entgleisungsweichen, die sie ersetzen.

7.4. Die Ausfahrschutzweichen gemäß Abschn. 4.1. und die Einfahrschutzweichen gemäß Abschn. 5.1. dürfen nicht durch Gleissperren ersetzt werden.

8. Gleisabschlüsse der Stumpfgleise

Die Stumpfgleise der besonderen Schutzweichen sind durch einen festen Prellbock abzuschließen.
Bei besonderen örtlichen Verhältnissen kann mit Zustimmung des Präsidenten der Rbd auf den festen Gleisabschluß verzichtet werden.

trotz Halt zeigendem Signal ab- und dem ausfahrenden Zug nachzufahren. Zwar würden dabei stumpf befahrene Weichen aufgeschnitten, aber es tritt keine Entgleisung ein (Befahren der Weiche vom Herzstück aus). Diese Möglichkeit war mit entsprechenden Schutzweichen oder Sperrschienen in den Nachbargleisen und deren Verschluss in abweisender Stellung durch die Ausfahrstraße sicherungstechnisch zu verhindern. Dafür verwendete man oft besondere Schutzweichen nach dem Streckengleis. Die Beispiele der Grenzbahnhöfe Staaken und Griebnitzsee zeigen deshalb am Ende der Einfahrgleise in Richtung Grenze so viele Schutzweichen.

Eine weitere Möglichkeit besteht darin, einem ausfahrenden Zug nachzufahren, wenn ein in Richtung Grenzbahnhof fahrender Zug, eventuell unter Ausschalten der Zugbeeinflussung, das Einfahrsignal über- und genau in das Gleis einfährt, aus dem gerade ein Zug auf Signal in Richtung Grenze ausfährt. Sicher ist dieses Beispiel sehr konstruiert, weil sich ja im Einfahrbereich ebenfalls Weichen befinden, die nicht unbedingt auf eben dieses Gleis zeigen müssen. Man wollte auch das nicht dem Zufall überlassen und entschied, mit dem sicherungstechnischen Verschluss vorhandener Weichen in abweisender Stellung vom Ausfahrgleis ein derartiges Nachfahren auszuschließen. Für den kleinen Grenzbahnhof Wartha (Werra) mit nur einem Güterzugpaar zwischen 1963 und 1978 war gar festgelegt, dass aus Richtung Eisenach kein weiterer Zug einfahren durfte, solange sich im Bahnhof ein Zug in gleicher Richtung aufhält, also noch keine Ausfahrt hat.

Seit 28. September 1963 war statt Wartha (Werra) Gerstungen die neue Grenzübergangsstelle (nachdem am 13. April 1962 die neue Umgehungsstrecke Förtha – Gerstungen offiziell eingeweiht worden war). Der Umbau zum Grenzbahnhof war erst 1966/67 vollendet worden, als auf der Nordseite des Bahnhofs Gerstungen der so genannte „Transit"-Bahnsteig entstand (mit einem 150 Meter langen „Schwarzen Tunnel" mit dem ehemaligen, dann für den Binnenverkehr degradierten Bahnhof verbunden). Damit war Gerstungen Grenzbahnhof in drei Richtungen: nach Obersuhl – Hönebach – Bebra, nach Dankmarshausen – Philippsthal bis 30. November 1967 und seit Oktober 1969, nach Wommen – Herleshausen – Wartha (Werra) bis 28. September 1963 und danach für ein Güterzugpaar bis 1. August 1978. Sicherungstechnisch gab es hier trotz der Grundsätze für Grenzbahnhöfe Besonderheiten, weil in Gerstungen nicht nur Reise- und Güterzüge kontrolliert wurden, sondern hier auch DB-Züge umgespannt (von Philippsthal nach Bebra und umgekehrt), die Lokomotiven zwischen DR und DB (zeitweise) gewechselt wurden, Differenzwagen von Güterzügen aus- und wieder eingesetzt, Vieh getränkt und gefüttert wurde ..., folglich Rangierbetrieb bestand.

Für den Transitbahnsteig gab es auch die auf anderen Grenzbahnhöfen üblichen besonderen Schutzweichen in Bahnsteig- und Streckengleisen in beiden Richtungen. Der eigentliche Personenbahnhof, damals zum Kopfbahnhof umgestaltet, besaß nur in Richtung Eisenach besondere Schutzweichen bzw. Gleissperren. Zwischen beiden Bahnhofsteilen befanden sich die Ein- und Ausfahrgleise des Güterbahnhofs. Dessen Hauptsignale hatten beiderseits jeweils hinter den Signalen Gleissperren, die wegen des vorherrschenden Rangierbetriebes nicht aufgelegt waren. Wirksam wurden sie erst für das jeweilige Gleis bei Einfahrten von Ost und West; deshalb waren nur 40 km/h zugelassen. Fand eine Ausfahrt statt, mussten die in den benachbarten Gleisen befindlichen Gleissperren aufgelegt sein, um ein Nachfahren zu verhindern. Im Güterbahnhof gab es wegen der Vielzahl der vorhandenen Weichen, die bereits Flankenschutz boten, keine zusätzlichen (besonderen) Schutzweichen. Im Streckengleis nach Dankmarshausen – Philippsthal fehlten besondere Schutzweichen, weil deren Funktion der in der DDR befindliche Bahnhof Dankmarshausen übernahm.

Ungenehmigte Durchfahrten?

Die hier skizzierten technischen Maßnahmen waren mit auf die Örtlichkeit abgestimmten „Betrieblichen Anweisungen über die besonderen Maßnahmen" für jeden Grenzbahnhof komplettiert worden. Darin waren das Bedienen der Sicherungsanlagen im Regelfall, das Verhalten der Wärter und Fahrdienstleiter bei Störungen und die zusätzlichen Maßnahmen bei Arbeiten an Sicherungsanlagen und am Oberbau festgelegt.

Konnten die Kontrollorgane ihre Zustimmung für Zugfahrten nicht mit der Schließtaste oder blockelektrisch übermitteln, weil diese gestört waren, gab es im zuständigen Stellwerk für die besonderen Schutzweichen einen versiegelten, z. T. mit Zählwerk ausgestatteten Entsperrer. Dann war die Zustimmung der Grenzorgane fernmündlich einzuholen (und jedes Bedienen des Entsperrers nachzuweisen), aber im äußersten Fall war diese für einen von Fahrdienstleiter und Lokomotivführer eines Zuges gemeinsam geplanten Grenzdurchbruch überflüssig.

Selbst wenn diese Entsperrer gestört waren, gab es die Möglichkeit, die am Stellhebel der besonderen Schutzweiche(n) vorhandenen Hebelsperren durch Handauslösung (versiegelt) aufzuheben, um ungenehmigte Ausfahrten Richtung Westen einzustellen.

Auf dem Bahnhof Berlin Friedrichstraße konnten gar noch 1984 die Schließtasten für die westlichen besonderen Schutzweichen wahlweise von der PKE oder von der Aufsicht bedient werden. Als die Organe diese zu großzügige Regelung bemerkten, musste die bei der Aufsicht vorhandene Schließtaste entfernt werden. Als noch vor dem Fall der Mauer die Organe mit der Reiseflut von Ausländern überlastet waren, hatte die Aufsicht wieder den Schlüssel in der Hand, Ausfahrten nach dem Westen ohne Zustimmung einzustellen. Aber niemand riskierte etwas, denn die zurückbleibenden Eisenbahner wären verhaftet und die Angehörigen drangsaliert worden, weil sie anderen die Flucht ermöglicht hätten. Dieser Preis war einfach zu hoch.

Alle besonderen Schutzweichen und Sperrschienen sowie Gleissperren und deren Stelleinrichtungen, alle blockelektrischen Einrichtungen der Schutzmaßnahmen waren auf diesen Grenzbahnhöfen in einem Verzeichnis zusammenzustellen und in die auf den Stellwerken ausliegenden Arbeitsbücher für Sicherungsanlagen einzuheften. Musste an diesen im Verzeichnis aufgeführten Anlagen gearbeitet werden (wegen Instandhaltung, zur Störungsbeseitigung) und war auch nur anzunehmen, dass deren Wirksamkeit beeinträchtigt sein könnte, waren sofort der Leiter des Bahnhofs und der Kommandant des Grenzbahnhofs zu informieren. Diese Meldungen an den Kommandanten ging bald allen anderen vor, denn er sorgte für den „Schutz" der Instandhaltungskräfte an Weichen usw.

Die am 1. Juli 1966 erstmals erschienenen „Grundsätze ..." [22] wurden ab 1. Januar 1988 [23] aktualisiert und schärfere Sicherheitsforderungen gestellt, die noch bis zum 31. Dezember 1989 (!) realisiert werden sollten. Die „Grundsätze Grenzbahnhöfe", wie sie sich jetzt nannten, schlummerten stets als „Vertrauliche Dienstsache" in den Panzerschränken. Trotz Wende erschienen am 2. Januar 1990 vom damaligen Generaldirektor der DR Herbert Keddi unterzeichnete neue Grundsätze, die sich nur wenig von den beiden Vorgängern unterschieden [24].

Zug(bahn)funk im Grenzbetrieb?

Die DB hatte seit etwa 1978 Schritt für Schritt alle Triebfahrzeuge und Strecken mit Zugbahnfunk (ZBF) ausgerüstet. Auch solche Hauptstrecken, die zu den Grenzbahnhöfen der DR Oebisfelde, Ellrich, Gerstungen und Probstzella führten, und dafür wurden geeignete Lokomotiven eingesetzt. Die DR begann im Sommer 1980 zwischen Dresden und Schöna den Zugfunk (ZF) zu erproben und rüstete beginnend ab 1986 weitere Strecken aus. ZBF und ZF waren nach dem UIC-Merkblatt 751-3 gestaltet, unterscheiden sich technisch (analoge Übertragung bei der DR, digitale bei der DB), und wären trotzdem im Sprechfunkverkehr beider Bahnen kompatibel (verträglich) gewesen.

Fortsetzung Seite 56

Seite 55: Übersicht der grenzüberschreitenden Fernmelde-Verbindungen zwischen beiden deutschen Staaten. Bekannt waren die in die Zugmeldeleitungen der Grenzbahnhöfe eingeschalteten Sprachspeicher, die die Gespräche der letzten zwei bis drei Stunden aufzeichneten. Darüber hinaus hörte das MfS alle ins „Ausland" führenden Fernmeldeleitungen ab. Repro aus [10], Teilheft 1.

Anhang III
(zu Abschn. 4.5.1.)

Übersicht
über die zugelassenen grenzüberschreitenden Nachrichtenverbindungen

Herrnburg - Lübeck	Eine Fernsprechzugmeldeverbindung Herrnburg (Fahrdienstleiter) - Abzweigstelle Strecknitz; eine Fernsprechverbindung Herrnburg (Disponent) - Lübeck Rbf
Schwanheide - Büchen	Eine Fernsprechzugmeldeverbindung Schwanheide (Fahrdienstleiter) - Büchen; eine Verkehrsüberwachungsleitung Wagengrenzstelle Kuhlenfeld - Schwanheide (Fahrdienstleiter) - Büchen
Oebisfelde - Vorsfelde	Eine Fernsprechzugmeldeverbindung Oebisfelde (Fahrdienstleiter) - Abzw. Grafhorst - Vorsfelde - Aufsicht Wolfsburg; eine Fernsprechverbindung Oebisfelde (Aufsicht Gbf) - Vorsfelde
Marienborn - Helmstedt	Eine Fernsprechzugmeldeverbindung Marienborn (Fahrdienstleiter) - Abzw. Harbke - Helmstedt; eine Verkehrsüberwachungsleitung Marienborn (Wagengrenzstelle) - Helmstedt
Ellrich - Walkenried	Eine Fernsprechzugmeldeverbindung Ellrich (Fahrdienstleiter) - Walkenried; eine Fernsprechverbindung Ellrich (Fahrdienstleiter) - Herzberg

Gerstungen - Bebra	Eine Fernsprechzugmeldeverbindung Gerstungen (Fahrdienstleiter) - Obersuhl; eine Fernsprechverbindung Gerstungen (Fahrdienstleiter) - Bebra
Probstzella - Ludwigsstadt	Eine Fernsprechzugmeldeverbindung Probstzella (Fahrdienstleiter) - Ludwigsstadt; eine Fernsprechverbindung Probstzella (Fahrdienstleiter) - Steinbach/Ludwigsstadt; eine Fernsprechverbindung Probstzella (Güterabfertigung) - Ludwigsstadt
Gutenfürst - Hof	Eine Fernsprechzugmeldeverbindung Gutenfürst (Fahrdienstleiter) - Feilitzsch; eine Fernsprechverbindung Gutenfürst (Fahrdienstleiter) - Hof Hbf
Dankmarshausen - Heringen	Eine Fernsprechzugmeldeverbindung Dankmarshausen (Fahrdienstleiter) - Heringen
Außerdem bestehen:	Eine internationale Fernsprechverbindung (IEF) Berlin - Mainz
	Eine internationale Fernschreibverbindung (IET) Berlin - Frankfurt (Main)
	Eine Fernmeldedienstleitung Erfurt - Bebra für technische Überwachungszwecke der IEF und IET

Obwohl ein solcher Funkverkehr die Sicherheit im Eisenbahnbetrieb erhöht, gefahrdrohende Situationen schneller erkannt und damit Bahnbetriebsunfälle verhindert werden können, lehnte die DDR einen solchen Funkverkehr ab und bestand auf zwischenstaatlichen Vereinbarungen für einen grenzüberschreitenden Funk. Das gelang zwar z. B. in Richtung Polen mit Frequenzen für Zugmeldungen bei völlig gestörter Verständigung, aber nach Westen führte aus politischen Gründen kein Weg. *„Funktechnisch ist es möglich, den Triebfahrzeugführern* (der DB, Anm. des Autors) *während ihres Aufenthaltes auf DDR-Strecken von den betriebsleitenden Stellen der Bundesbahn Weisungen zu erteilen. Umgekehrt können während auf DDR-Gebiet von den Beschäftigten der Bundesbahn Informationen* (über das Grenz- und Kontrollregime der DDR-Organe, Anm. des Autors) *übermittelt werden. Solche Gespräche können von der Eisenbahn* (besser vom abhörenden Staatssicherheitsdienst, Anm. des Autors) *nicht kontrolliert und auch nicht verhindert werden"*, schrieb das MfV an das MfAA [25]. Die DR orientierte sich darauf, die gemäß UIC-Frequenz-Schema vorgegebenen Kanalgruppen für den Zugfunk in Ost und West zwischen beiden Bahnverwaltungen zu koordinieren, um im grenznahen Raum gegenseitige Beeinträchtigungen des Funkverkehrs beider Bahnen zu verhindern.

Trotz unterschiedlicher technischer Bedingungen wurden nämlich vier zu einer Kanalgruppe zusammengefasste Frequenzen teilweise auch für andere Kanalgruppen benutzt, sodass die in Grenznähe zu verwendenden Kanalgruppen koordiniert werden mussten, nicht nur zwischen DR und DB, sondern auch z. B. mit der damaligen ČSD (heute ČD). Üblicherweise gibt es auch einen Weg, wenn ein Wille vorhanden ist. Doch hier lehnte das MfS ab, weil der Zugfunk damals nicht, heute nur mit besonderen Geräten abhörbar ist.

Weil die Grenzstreckenabschnitte stets ohne Halt zu durchfahren waren, aber mit einem fingierten Notruf über ZBF/ZF ein unbedingt zu beachtender Haltauftrag erteilt werden konnte – damit Fluchtwillige, falls sie überhaupt in das fünf Kilometer breite Grenzsperrgebiet auf östlicher Seite gelangen konnten, den Zug besteigen können –, unterband das MfS solche Vorhaben. Andererseits hatte die DR etwa bis 1968 auf langen Grenzstreckenabschnitten – nicht nur nach Westen, sondern auch nach Osten, z. B. in Guben und Schöna – so genannte Y-Signale vor der Grenze aufgestellt. Das waren Hauptsignale, die mit dem Einstellen der Fahrstraßen Kennlicht als „Fahrt"begriff zeigten. Die Grenztruppen hatten aber die Möglichkeit, von verschiedenen Punkten der Strecke aus durch einfachen Tastendruck diese auf Halt zu stellen, z. B. wenn Personen auf den ausfahrenden Zug aufsprangen, aber auch wenn technische Mängel am Zug zu beobachten waren. Ein Haltauftrag wurde aber dann nicht vorsignalisiert, sodass zweifelhaft war, ob der Zug vor diesem Signal bzw. vor der Grenze zum Halten kommen konnte; Lokführer der DB hätten einen solchen Auftrag sicherlich ignoriert. Zu dieser Zeit gab es bei der DR keine Zugbeeinflussung (Indusi, PZB), um einen Halt zu erzwingen. Mit Zustimmung des MfNV vom 19. Mai 1980 wurden diese Signale bis auf Einzelfälle (z. B. Staaken) nicht mehr erneuert bzw. auch abgebaut. Als die DR ab 1982 die so genannten Transitstrecken mit PZB ausrüstete, mühte sich die HA VI des MfS vergeblich, solche Y-Signale – nun mit PZB ergänzt – wieder einzuführen. Die HA XIX hatte an diesen Signalen kein Interesse mehr, und die DR fürchtete die hohen Kosten für das Erneuern bzw. für neue Signale überhaupt, wie z. B. für den Grenzstreckenabschnitt von Berlin Friedrichstraße in Richtung Westen [26].

Nach Kontrolle ohne Halt über die Grenze

Auf der Grenzstrecke – dem Abschnitt zwischen Grenzbahnhof und der Grenze – durften Züge grundsätzlich nicht zum Halten kommen, abgesehen von besonderen Vorkommnissen, wie z. B. Windbruch, Bahnbetriebsunfällen. Die Sicherheitsorgane forderten für diesen Abschnitt eine Mindestgeschwindigkeit von 30 km/h, um ein Aufspringen auf fahrende Züge zu verhindern (wie gelangten Fluchtwillige in das fünf Kilometer breite Grenzsperrgebiet?); das galt gleichermaßen für Reise- und Güterzüge.

Trat es dennoch ein, dass ein Zug hier zum Halten kam, z. B. wegen technischer Störungen am Triebfahrzeug, musste das sofort dem Kommandanten der

Güst (Grenzbahnhof) gemeldet werden, damit zusätzliche Kräfte den „gefährdeten“ Abschnitt absichern konnten. Bei Bahnbetriebsunfällen oder anderen außergewöhnlichen Ereignissen auf der Grenzstrecke durfte nur der Präsident oder der Chef vom Dienst der zuständigen Reichsbahndirektion nach Abstimmung mit dem Kommandanten des Grenzbahnhofs sowie der Kontroll- und Sicherheitsorgane entscheiden. Entstand z. B. als Folge eines Bahnbetriebsunfalles auf der Grenzstrecke eine Langsamfahrstelle mit weniger 30 km/h Geschwindigkeit, musste die Hauptverwaltung Bahnanlagen der DR im MfV zustimmen. Sie sollte nach anderen technischen Mitteln suchen, um eine höhere Geschwindigkeit zuzulassen, vermutlich nur den Schaden „gesundbeten“.

Gewöhnlich befanden sich die Grenzstrecken in dem fünf Kilometer breiten Grenzsperrgebiet zur BRD, in das nach dem Überprüfen der Person nur mit Passierschein eingereist werden durfte. Ein dem eigentlichen Grenzbahnhof vorgelagerter Kontrollbahnhof und zugleich Wagengrenzstelle war Kuhlenfeld, rund 18 km von der Grenze und 14 km vom Grenzbahnhof Schwanheide entfernt. An der damals eingleisigen Strecke befindet sich zwischen beiden Bahnhöfen noch der Bahnhof Boizenburg (Elbe). Vor der Abfahrt eines in Kuhlenfeld abgefertigten und kontrollierten Güterzuges nach Schwanheide – Büchen musste seine Durchfahrt in Boizenburg (Elbe) garantiert sein. Kam er wegen einer Kreuzung zum Halten oder verringerte er nur seine Geschwindigkeit unter die vorgeschriebenen 30 km/h, wurde er in Schwanheide noch einmal gründlich kontrolliert; das führte zu Verspätungen und Störungen im Betriebsablauf [20].

Im Güterverkehr nach und von West-Berlin kontrollierte der Zoll auf den vorgelagerten Rangierbahnhöfen Wustermark (für Staaken) und Seddin Süd (für Drewitz) auf eigens für diesen Zweck errichteten Kontrollgleisen – so genannte Transitgruppen – , die abseits lagen, hermetisch abgeriegelt und deren Zugänge bewacht wurden. Die eigentlichen Grenzkontrollen fanden in Staaken und Drewitz statt. Den rund zwei Kilometer langen Grenzstreckenabschnitt zwischen Drewitz und der Stadtgrenze zu West-Berlin zu sichern, war schwierig: Die eingleisige Strecke führte etwa auf halben Weg mitten durch die zu West-Berlin gehörende Exklave Steinstücken und weiterhin wie auch in Staaken durch dicht besiedeltes Gebiet. Deshalb „mauerte“ man beide Abschnitte ein. Markantes Zeichen war das stählerne Rolltor, das den Bahnübergang der Staakener Feldstraße wie einen Eingang zu einem Hochsicherheitstrakt verschloss. Für außerplanmäßige Halte zwischen Wustermark Rbf/Seddin Süd und der Stadtgrenze zu West-Berlin hatte die Rbd Berlin mit der Transportpolizei abgestimmte Maßnahmepläne aufzustellen, die *„eine Absicherung der Züge durch die Transportpolizei regeln und ausschließen, daß die bereits zollmäßig abgefertigten Züge für ungesetzlichen Grenzübertritt bzw. Ausschleusungen von Personen und Gegenständen nach Westberlin ausgenutzt werden können“* [27].

Selbst im Vorfeld zur Grenze versuchten Fluchtwillige auf Züge aufzuspringen. Das Bw Salzwedel setzte z. B. Dampflokomotiven der BR 41 ein. Bei einer Fahrt nach Oebisfelde (Datum unbekannt) enterten einige Fluchtwillige den Führerstand der 41 1074, um in den Grenzsperrbereich zu gelangen. Um solchen Vorfällen vorzubeugen, ersetzte man diese Maschinen durch die BR 52, die ein geschlossenes Führerhaus besaßen [28]. Grundsätzlich waren die im Grenzbetrieb eingesetzten Dampflokomotiven am Tenderwassereinlauf mit einem engmaschigen Sieb ausgestattet, damit niemand „unter Wasser“ mitfährt [29]. Später wurde die DV 523 – die Dienstvorschrift (der DR) zur Durchführung des Eisenbahnverkehrs zwischen DDR und BRD – in der Art geändert, dass Züge *„auf den Zulaufstrecken zur Staatsgrenze West nicht mit Dampflokomotiven bespannt werden“*. Grundsätzlich war vor Fahrtbeginn vom Lokomotivführer zu prüfen, *„daß sich keine unberechtigten Personen auf dem Triebfahrzeug aufhalten“*. Dann waren *„die Einstiegstüren sämtlicher am Zug befindlicher Triebfahrzeuge während der gesamten Fahrt von innen zu verriegeln“*. Sollte der Zug *„durch unberechtigte Eingriffe in den Eisenbahnbetrieb“* – z. B. durch das Bereiten von Hindernissen auf den Gleisen – zum Halten gezwungen werden, durfte der Lokomotivführer sein Triebfahrzeug nicht verlassen, sofern nicht andere Züge gefährdet waren. Grundsätzlich musste ein solcher Zug *„vor Erreichen der Grenzübergangsstelle“* angehalten und kontrolliert werden [10].

Blick auf das Stellwerk B 2 in Gerstungen in Richtung Eisenach/Förtha. Links befinden sich die Kontrollgleise für den Güterverkehr.
Repro: BStU-Kopie MfS HA VI 10076

Grenzbahnhöfe zur Bundesrepublik

Waren es nach Kriegsende zunächst Übergabe- oder Übergangsbahnhöfe zwischen beiden deutschen Bahnen, so bezeichnete sie die DDR nach dem Mauerbau im Jahr 1961 als Grenzbahnhöfe.

Diese wurden schließlich mit dem Verkehrs- und dem Transitvertrag von 1972 festgeschrieben [15, 30 bis 32].

Herrnburg: DR am Skandinavien-Verkehr interessiert

Der Abschnitt Lübeck – Herrnburg gehört zur Strecke Hamburg – Lübeck/Warnemünde – Rostock – Neubrandenburg – Pasewalk – Stettin. Ihre Bedeutung lag vor allem im Fährverkehr nach Dänemark

Blick vom Bahnhof Herrnburg in Richtung Grenze. Links im Vorder- und Mittelgrund Schutzweichen (ohne Prellbock) gegen ungenehmigte Ausfahrten.
Repro: BStU-Kopie MfS HA VI 10076

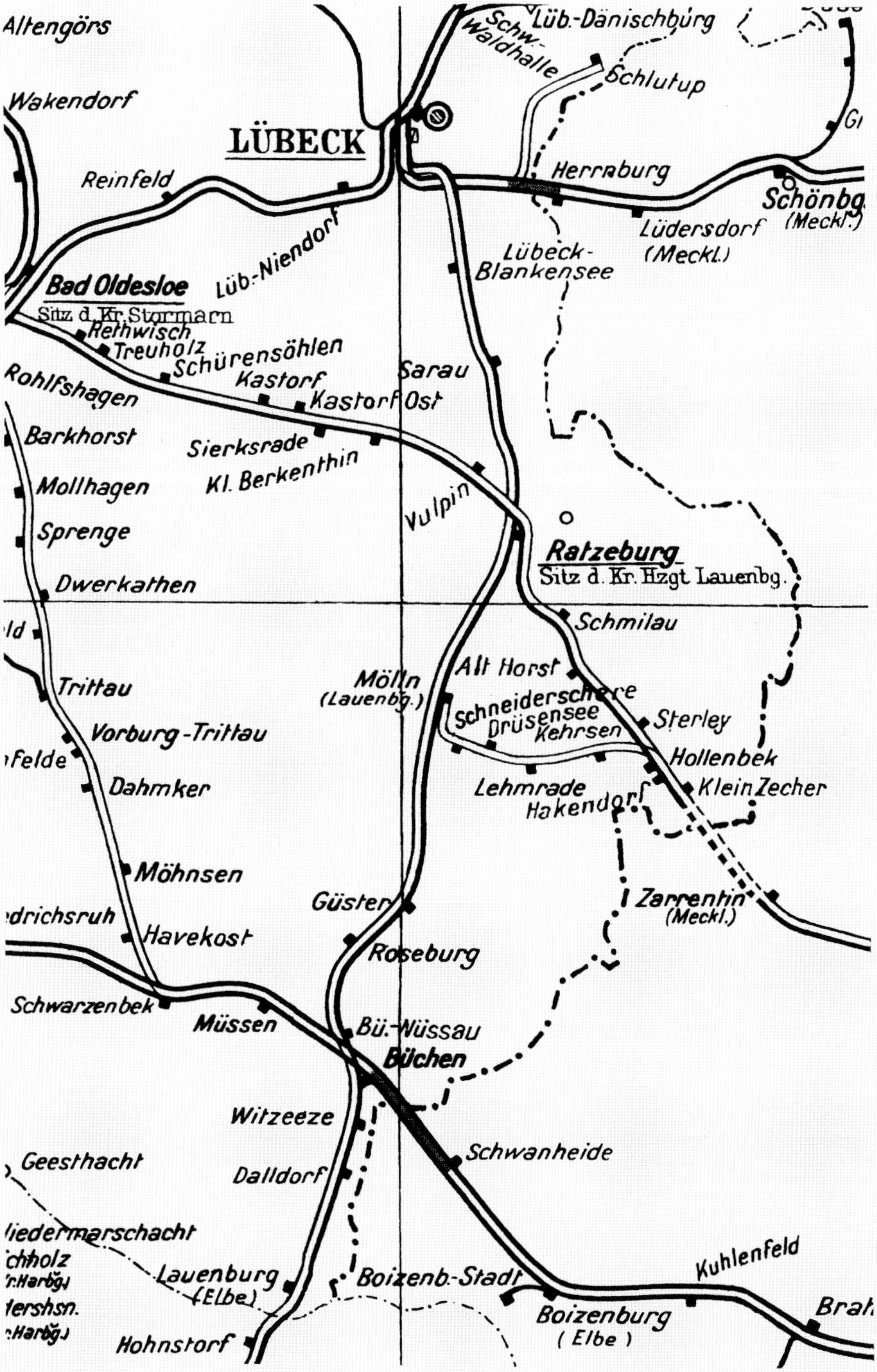
Altengörs
Wakendorf
LÜBECK
Schw.-Waldhalle
Lüb.-Dänischburg
Schlutup
Reinfeld
Herrnburg
Schönbg. (Meckl.)
Lüdersdorf (Meckl.)
Lüb.-Niendorf
Lübeck-Blankensee
Bad Oldesloe
Sitz d. Kr. Stormarn
Rethwisch
Treuholz
Schürensöhlen
Kastorf
Sarau
Kastorf Ost
Rohlfshagen
Barkhorst
Sierksrade
Kl. Berkenthin
Mollhagen
Vulpin
Sprenge
Ratzeburg
Sitz d. Kr. Hzgt. Lauenbg.
Dwerkathen
Schmilau
Alt Horst
Mölln (Lauenbg.)
Trittau
Schneiderschere
Drüsensee
Kehrsen
Sterley
Vorburg-Trittau
Hollenbek
Dahmker
Lehmrade
Hakendorf
Klein Zecher
Möhnsen
Zarrentin (Meckl.)
Güster
Havekost
Roseburg
Schwarzenbek
Müssen
Bü.-Nüssau
Büchen
Witzeeze
Schwanheide
Geesthacht
Dalldorf
Kuhlenfeld
Lauenburg (Elbe)
Boizenb.-Stadt
Boizenburg (Elbe)
Hohnstorf

23 1089 überquert mit dem von Stralsund – Rostock kommenden D 1062 die innerdeutsche Grenze.
Foto: Ralf Roman Rossberg

(über Warnemünde – Gedser) und nach Schweden/Norwegen (über Saßnitz – Trelleborg). Bei Kriegsende war dieser Abschnitt betriebsfähig und diente dem Austausch von rollendem Material zwischen den von den Truppen jetzt eingenommenen Besatzungszonen (bekanntlich hatten amerikanische Armeen auch Schwerin/Mecklenburg und Wismar erobert).

Übergänge Herrnburg – Lübeck und Schwanheide – Büchen

Die Besatzungsmächte vereinbarten zum 29. April 1946, zwischen beiden Bahnhöfen den zivilen Güterverkehr zuzulassen. Der an einer ursprünglich zweigleisigen Strecke befindliche Durchgangsbahnhof Herrnburg besaß neben beiden durchgehenden Hauptgleisen, von denen eines den Reparationen zum Opfer fiel, zwei Überholungsgleise, auf denen dann die Kontrollen stattfanden. Zum Aussetzen von nicht übergangsfähigen Wagen waren die Anlagen nicht geeignet. Erst später erhielt der Bahnhof besondere Schutzweichen auf westlicher Seite. Zusätzlich endeten und begannen hier Züge des DDR-Binnenverkehrs, die jedoch nur mit einem Passierschein für das Grenzgebiet genutzt werden durften.

Das vereinbarte Nahgüterzugpaar fuhr zunächst ab 29. April 1946 nur nach Bedarf, ab 4. Mai 1947 planmäßig. Verstärkt wurde dieses ab 10. Juni 1947 an Werktagen mit einem Durchgangsgüterzugpaar (Dg) von Bad Kleinen, das nach einer Woche mangels Frachten nur noch bei Bedarf verkehrte. Ab Juni 1947

Zeichenerklärung für die Übersichtskarten in diesem Kapitel:

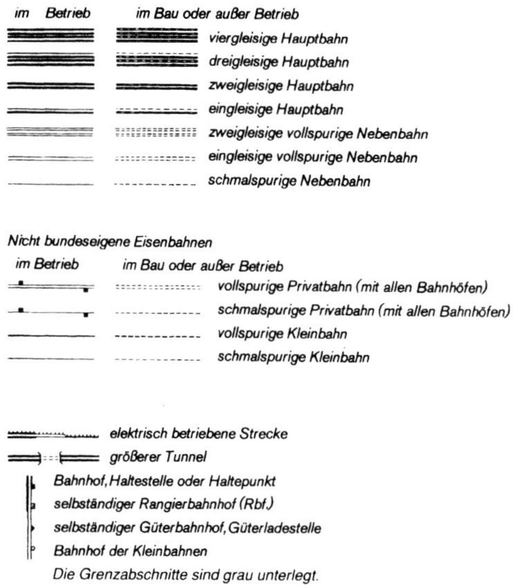

besaß der Nahgüterzug einen Personenwagen, in dem mit Duldung des sowjetischen Kommandanten Reisende mit Interzonenpass nach Lübeck fahren konnten, jedoch nicht zurück. Ab 1. Oktober 1947 wurde dem jetzt regelmäßig verkehrenden Dg-Zugpaar in beiden Richtungen ein Personenwagen beigestellt; diesen überführte man jeweils zwischen Verschiebe- und Hauptbahnhof in Lübeck. Zum Zusteigen der Kontrollkräfte der britischen Militärverwaltung musste der Zug jeweils auf freier Strecke an der Zonengrenze halten.

Nach Beginn der Berliner Blockade am 24. Juni 1948 durften keine Züge mehr von Lübeck nach Herrnburg fahren, jedoch in umgekehrter Richtung, bis nur noch sehr unregelmäßig Züge verkehrten. Wegen des schwachen Verkehrs bestand ab 3. Juni 1949 nur noch eingleisiger Betrieb. Im Vorfeld der am 26. Mai 1952 erlassenen „Maßnahmen an der Demarkationslinie ..." wurde am 15. Mai 1952 der

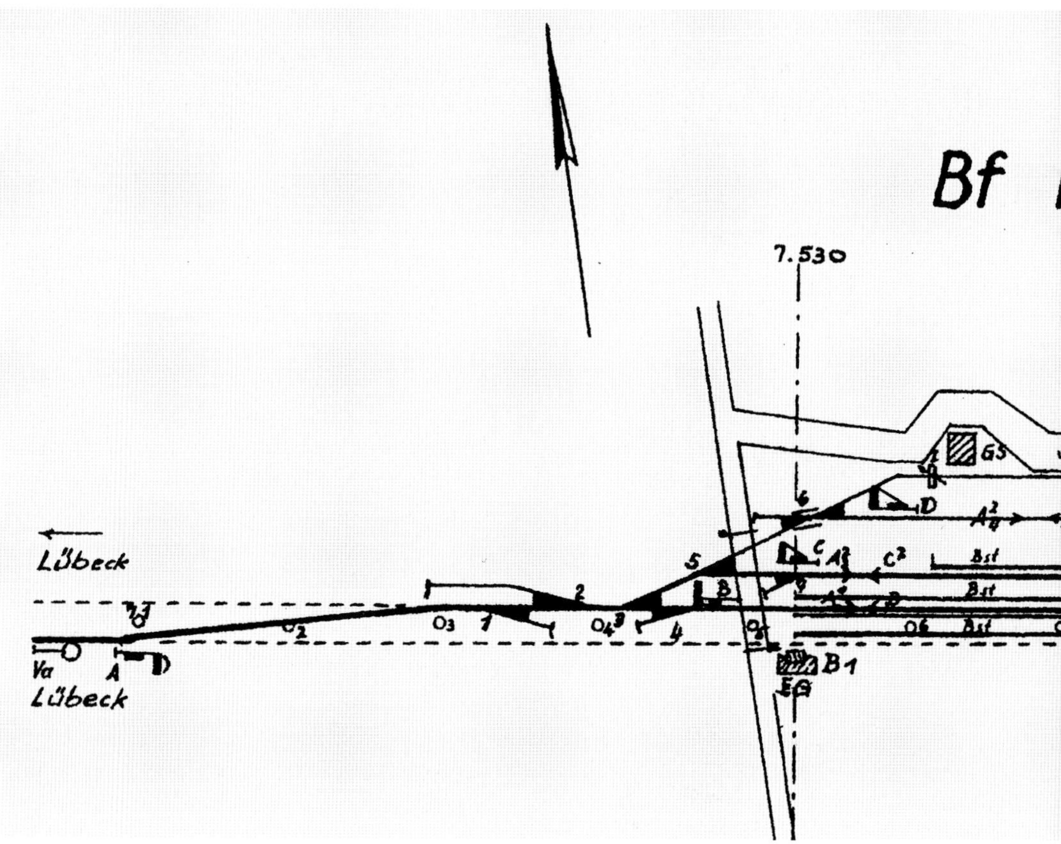

Übergang von der DDR-Seite völlig geschlossen und durch den Ausbau eines Schienenstücks unpassierbar gemacht.

Die Betriebsruhe hielt bis Januar 1960 an, bis plötzlich ein Bautrupp der DR das Gleis instand setzte. Seit 14. Juli 1951 bestand die neue Fährverbindung Großenbrode – Gedser, die Vogelfluglinie mit der kürzeren Fährstrecke Puttgarten – Rødby war im Bau (am 14. Mai 1963 eröffnet). Denn die DR erhoffte sich, mit diesem Grenzübergang einen Teil des nach Schweden gerichteten Bahnverkehrs übernehmen zu können. Der Ost-Verkehrsminister hatte einfach an seinen westlichen Amtskollegen geschrieben, er sei an einer baldigen Wiedereröffnung dieses Grenzüberganges interessiert. Nach der Klärung von Detailfragen am 11. Februar 1960 in Frankfurt (Main) wurde am 20. März 1960 mit dem Schnellzugpaar Hamburg-Altona – Lübeck – Bad Kleinen – Rostock – Stralsund – Saßnitz Hafen der regelmäßige Betrieb aufgenommen. Am nächsten Tag verkehrten zwei Güterzug-Paare (Dg), zusätzlich war ein Bedarfs-Güterzug-Paar vorgesehen; die Auslastung blieb stets gering.

Als ab 1. April 1989 Hamburg und Kiel in den „kleinen Grenzverkehr" einbezogen wurden, verkehrte ab 29. April 1989 zwischen Hamburg und Schwerin (Mecklenburg) ein Eilzugpaar mit Kurswagen von und nach Kiel. Weil am 1. Juli 1990 die Kontrollen entfielen, halten seit dem Fahrplanwechsel am 30. September 1990 in Herrnburg keine Fernreisezüge mehr; stattdessen verkehren täglich Nahverkehrszüge zwischen Lübeck und Bad Kleinen bzw. Wismar. Die Sicherungsanlagen (Weichen, Signale usw.) des Bf Herrnburg sind inzwischen in den Steuerbereich des elektronischen Stellwerkes (EStw) Lübeck integriert (25./29. September, 4./5. Oktober 2003 in Betrieb genommen), das von der Betriebszentrale (BZ) in Hannover aus bedient wird.

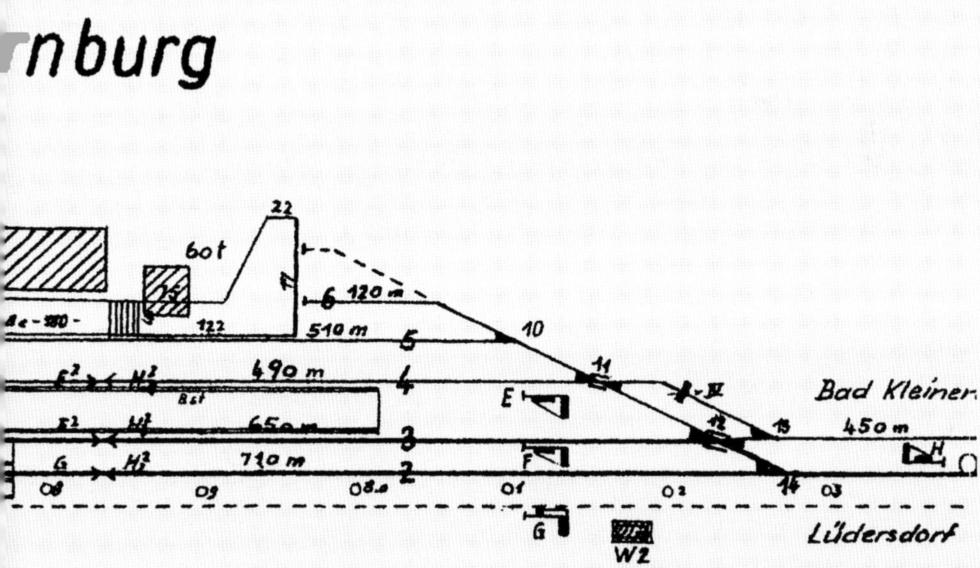

Gleisplanskizze des Bahnhofs Herrnburg (Stand 1962). Slg. Kuhlmann

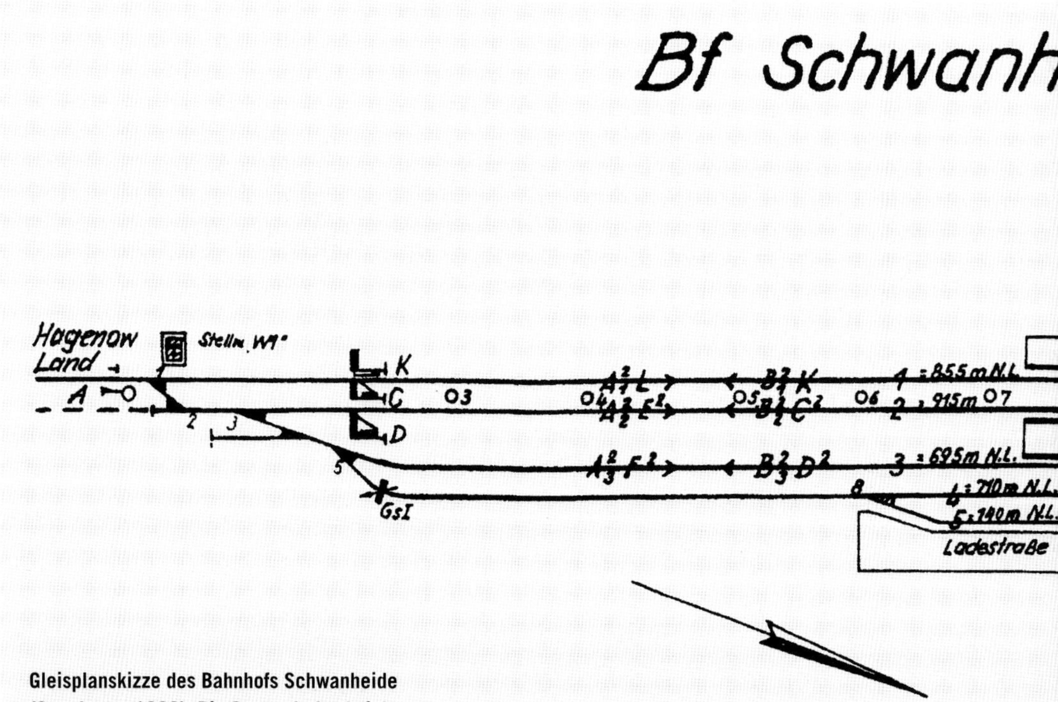

Gleisplanskizze des Bahnhofs Schwanheide (Stand etwa 1982). Die Grenze befand sich erst in km 236,470. Zeitweilig war auch Büchen Betriebswechselbahnhof zwischen DR und DB. Für den in Schwanheide endenden und beginnenden Binnenverkehr bestand in Richtung Büchen ein Lokwendegleis. Slg. Kuhlmann

Schwanheide: Alte Strecke – neuer Grenzbahnhof

Am 15. Dezember 1846 wurde mit dem Lückenschluss zwischen (Hamburg-)Bergedorf und Boizenburg die durchgehende Eisenbahnverbindung zwischen Berlin und Hamburg eröffnet. Sie gehört damit in Deutschland zu einer der ältesten Strecken, auf der vielfältige technische Neuerungen erprobt wurden.

Bei Kriegsende waren die östlich des Bahnhofs Büchen über den Elbe-Trave-Kanal gelegenen Brücken gesprengt, sodass der Zugverkehr ruhen musste. Obwohl am 27. Juli 1946 die Brücke eingleisig wieder befahrbar war, begann erst nach über einem Jahr am 26. August 1947 der Verkehr mit Güterzügen.

Der Durchgangsbahnhof – ursprünglich an einer zweigleisigen Strecke gelegen – besaß neben dem durchgehenden Hauptgleis nur ein Überholungsgleis; alle drei Gleise wurden zur Kontrolle genutzt. Gleis 4 wurde vorrangig für die Züge des DDR-Binnenverkehrs genutzt; zum Umsetzen der Zuglokomotive war auf der Westseite ein Stumpfgleis vorhanden. Besondere Schutzweichen erhielt Schwanheide erst

Nach der politischen Wende in der DDR verkehrte zwischen Berlin und Hamburg für kurze Zeit ein früherer TEE-Triebzug, hier beim Überfahren der einstigen innerdeutschen Grenze zwischen Schwanheide und Büchen. Foto: Th. Splittgerber

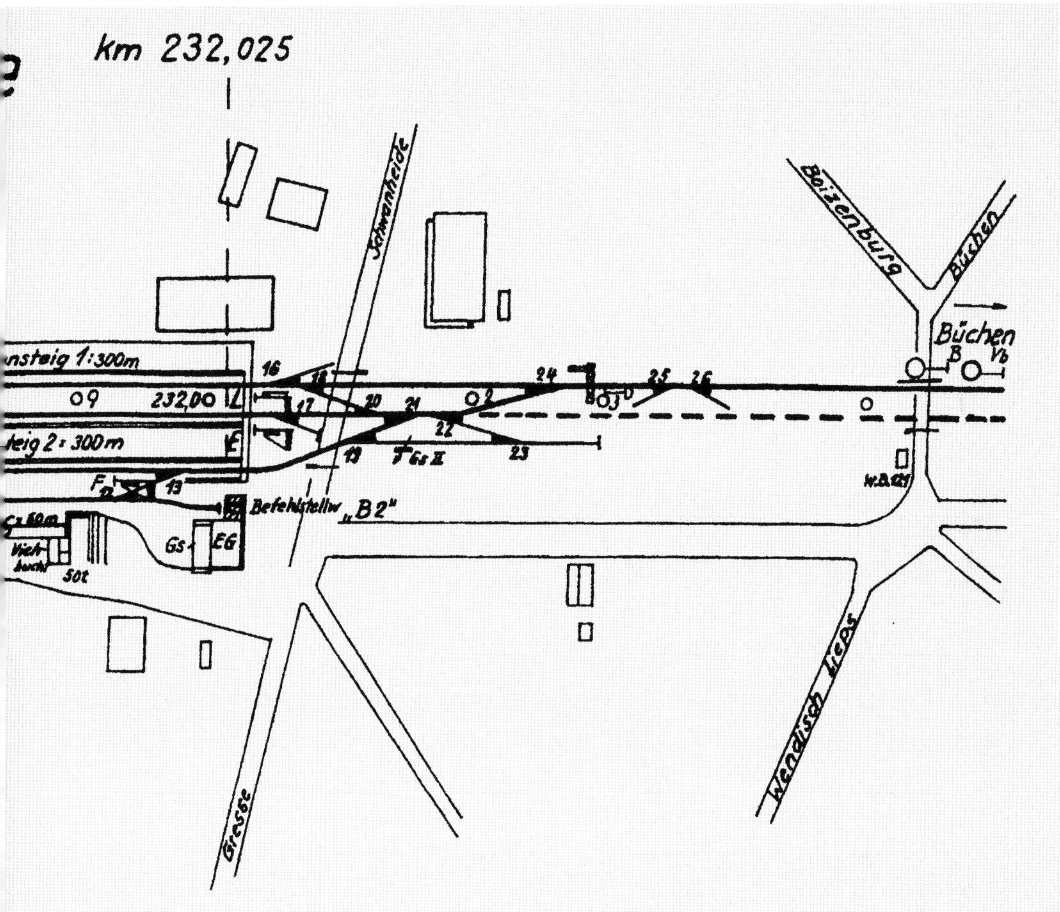
km 232,025
Schwanheide
Boizenburg
Büchen
Büchen
nsteig 1:300m
09
232,00
teig 2: 300m
Befehlsstellw „B2"
Gs
EG
Vieh-
50t
Wendisch Lieps
Gresse

TEE
120

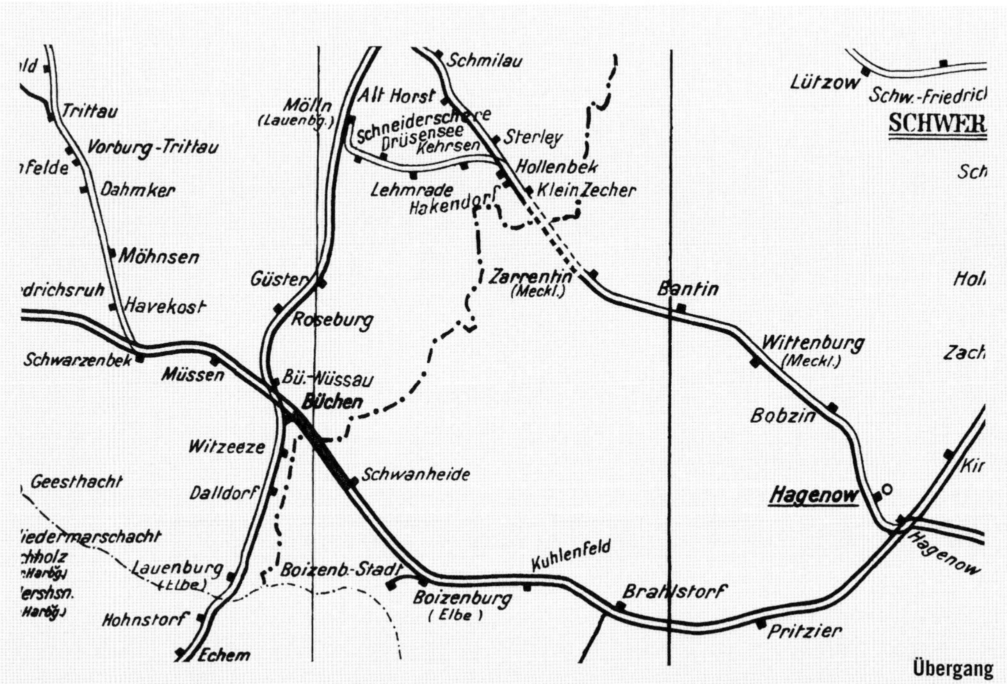

Übergang
Schwanheide – Büchen

später. Weil auf diesem kleinen Bahnhof ein Aus- und Einsetzen von vorübergehend nicht übergabefähigen Güterwagen nicht möglich war, wurde der knapp 14 Kilometer entfernte Bahnhof Kuhlenfeld für die zolltechnische Abfertigung der Güterzüge hergerichtet, weil nach der Schließung des Übergangs Herrnburg am 14. Mai 1952 der Verkehr zunahm. Abgesichert war Kuhlenfeld wie ein Grenzbahnhof, jedoch fehlten besondere Schutzweichen. Fertig gestellte Güterzüge durften über den dazwischen befindlichen Bahnhof Boizenburg (Elbe) bis Schwanheide nicht zum Halten kommen, um Fluchtversuche zu unterbinden; das stellte die operative Betriebsführung der DR auf dieser eingleisigen Strecke vor besondere Probleme.

Neben dem Erz für die Tschechoslowakei (drei Voll- und drei Leerzüge, ein Bedarfszugpaar) durften nur Güter nach den nördlichen Gebieten der Sowjetzone über den Übergang Büchen-Schwanheide geleitet werden. Das waren besonders Lebensmittel (drei Bedarfsgüterzüge und eine Übergabefahrt) und in der Gegenrichtung Holz und andere Frachten (ein Güterzug, drei Bedarfsleerzüge, eine Übergabefahrt).

Mit Beginn der Berliner Blockade wurde am 24. Juni 1948 der Verkehr weitgehend eingestellt. Weiterhin fuhren einzelne Erz- und Leerzüge nach und von der Tschechoslowakei. Nach dem Ende der Blockade wurde nicht nur der Güterverkehr am 11. Mai 1949 wieder aufgenommen, sondern der Übergang am 10. September 1949 für den Reiseverkehr zugelassen. Neben einem mit einer Dampflokomotive bespannten Interzonenzugpaar fuhr wie vor dem Krieg ein dreiteiliger Schnelltriebwagen zwischen Berlin und Hamburg (bis 26. Mai 1962). Daraus resultierte, dass die DR (bis 2. Juni 1973) die Zugförderung für Reisezüge bis und ab Hamburg übernahm, dagegen war für Güterzüge in Büchen

Ein Güterzug mit der 50 4011 wartet in Büchen auf Ausfahrt. Foto: Ralf Roman Rossberg

Blick von der Beschaubrücke auf den Bahnhof Schwanheide mit zu kontrollierendem Güterzug, der mit einer so genannten Taiga-Trommel bespannt ist (Baureihe 120 der DR). Rechts neben dem Bahnsteig die Kontrollbaracke.
Repro: BStU-Kopie MfS HA VI 10076

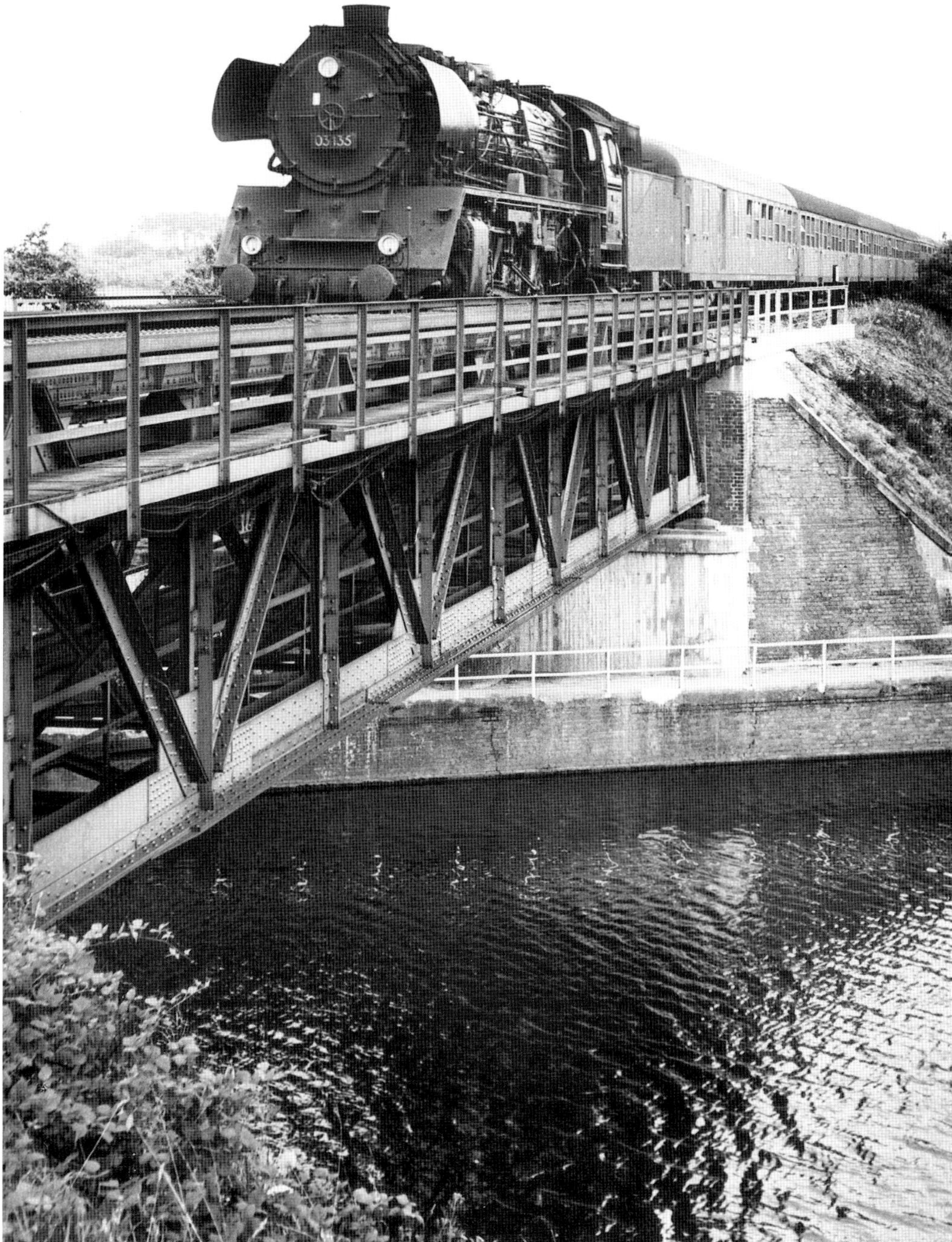
03 135

Links: Ein mit der 03 135 bespannter Schnellzug überquert südlich von Büchen die Brücke über den Elbe-Trave-Kanal. Foto: Ralf Roman Rossberg

Lokwechsel. Am 5. Juni 1965 wurde dieser Übergang auch für den Güterverkehr nach und von West-Berlin geöffnet.

Da seit 6. Dezember 1961 die Züge nach und von Hamburg nach einer geglückten Flucht (vgl. S. 38f.) mit einem Personenzug nicht mehr über Berlin-Spandau – Albrechtshof, sondern über Griebnitzsee im Süden Berlins fahren mussten, erhöhte sich die Reisezeit durch die überwiegend eingleisige DR-Strecke und die langen Kontrollzeiten an der Grenze. Die Situation besserte sich etwas, als am 26. September 1976 der Übergang Staaken westlich Berlins auch für den Reiseverkehr geöffnet wurde.

Seit 30. September 1990 halten in Schwanheide keine Fernverkehrszüge mehr. Dafür verkehren zwei Nahverkehrszugpaare zwischen Hamburg-Bergedorf und Schwerin (Mecklenburg), ein drittes zwischen Büchen und Schwerin (Mecklenburg). Mit Inbetriebnahme des elektronischen Stellwerkes (EStw) Hagenow Land (12. bis 19. Juli 1996), von dem aus die Sicherungsanlagen u. a. der Strecken Büchen (ausschl.) – Ludwigslust (ausschl.), Hagenow Land – Schwerin (Mecklenburg)-Görries bedient werden, ist der ehemalige Grenzbahnhof Schwanheide zum unbesetzten (!) Haltepunkt degradiert worden, der frühere Kontrollbahnhof Kuhlenfeld entfiel völlig.

Blick vom Bahnhof Schwanheide in Richtung Grenze mit Beschaubrücke der Grenztruppen. Repro: BStU-Kopie MfS HA VI 10076

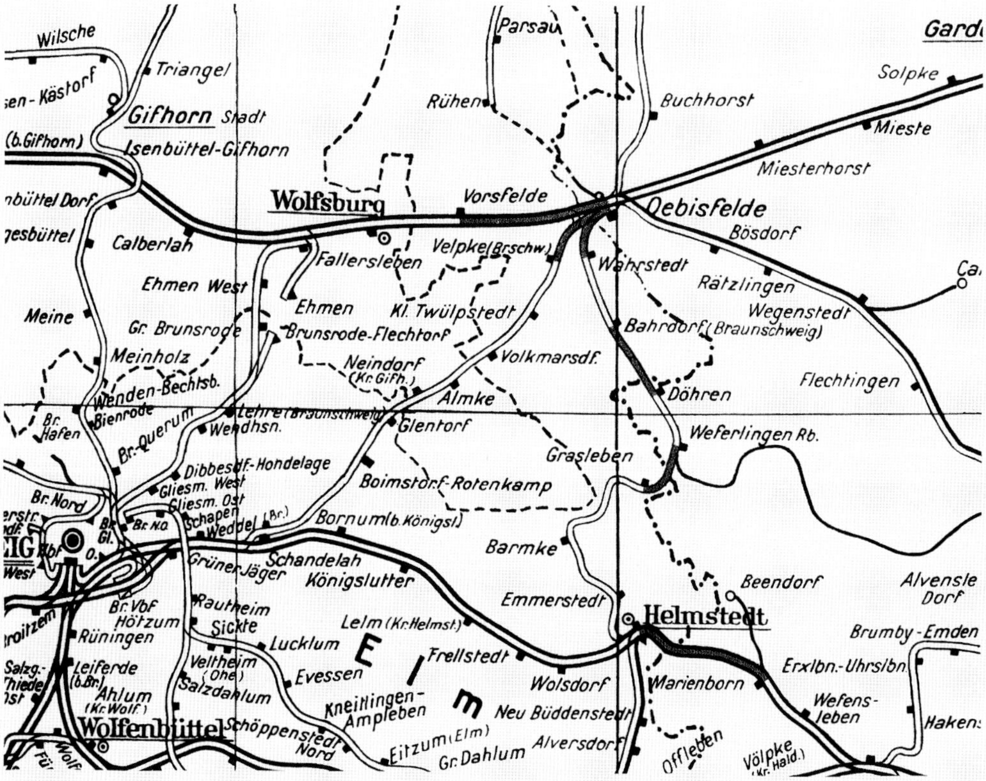

Oebisfelde: Ausweichlösung für Marienborn

Am 1. November 1871 wurde die Strecke Lehrte – Gardelegen als letzter Teil der von Berlin kommenden Lehrter Bahn (nach Hannover) eröffnet. Diese kürzere Strecke über Stendal (statt über Magdeburg) bot kurze Reisezeiten und wurde deshalb zu einer der bedeutendsten Ost-West-Verbindungen.

Nach Kriegsende war die Strecke nach dem Beheben erheblicher Schäden ab 30. August 1945 für den Güterverkehr wieder befahrbar. Die Alliierten hatten mit ihrem Kontrollratsbeschluss vom 10. September 1945 festgelegt, diesen Übergang für die aus dem Berlin-Verkehr (über Marienborn) zurückkehrenden Leerwagenzüge zu nutzen, über den auch Frachten, insbesondere Kohle, in die Sowjetzone gefahren wurden. Ab dem 7. Oktober 1945 tauschten

Oben:
Übergänge Oebisfelde – Vorsfelde/Wolfsburg und Marienborn – Helmstedt mit der bis 1952 für Lokleerfahrten genutzten Verbindungsstrecke Oebisfelde – Helmstedt

Rechts oben:
Blick vom Stellwerk Öm in Richtung Osten zum Güterbahnhof. Rechts die Güterabfertigung, dahinter das Bahnbetriebswerk.
Repro: BStU-Kopie MfS HA VI 10076

Rechts unten:
Im Güterbahnhof von Oebisfelde wartete 1969 211 094 mit einem Güterzug auf Ausfahrt.
Foto: Kuhlmann

Ein- u. Ausfahrten mögl.

Richt. / Gleis	Vorsf. E	Vorsf. A	Salzw. E	Salzw. A	Stend. E	Stend. A	Magd. E	Magd. A
39					x			
38					x			
37					x			
36					x	x		
35						x		
11w		x						
10w			x	x				
8w		x	x	x	üb 7o			
8o					x			
7w		x	x	x		üb 7o	x	üb 3o
7o		üb 7w/8w			x	x		
5w	x				üb 7o	üb 35/7o		
4w						üb 7o		
3w							üb 3o	
3o							x	x
2w	x	x						
2o						x	x	x
1w	x	x			üb 7o	üb 7o	üb 1o	üb 3o
1o	üb 2w					x	x	x
12								x
13	üb 2w							

Ferner konnten Züge aus den Gleisen 8o, 35 bis 39 als Rangierfahrt nach den Gleisen 7w, 8w und 11w vorziehen.

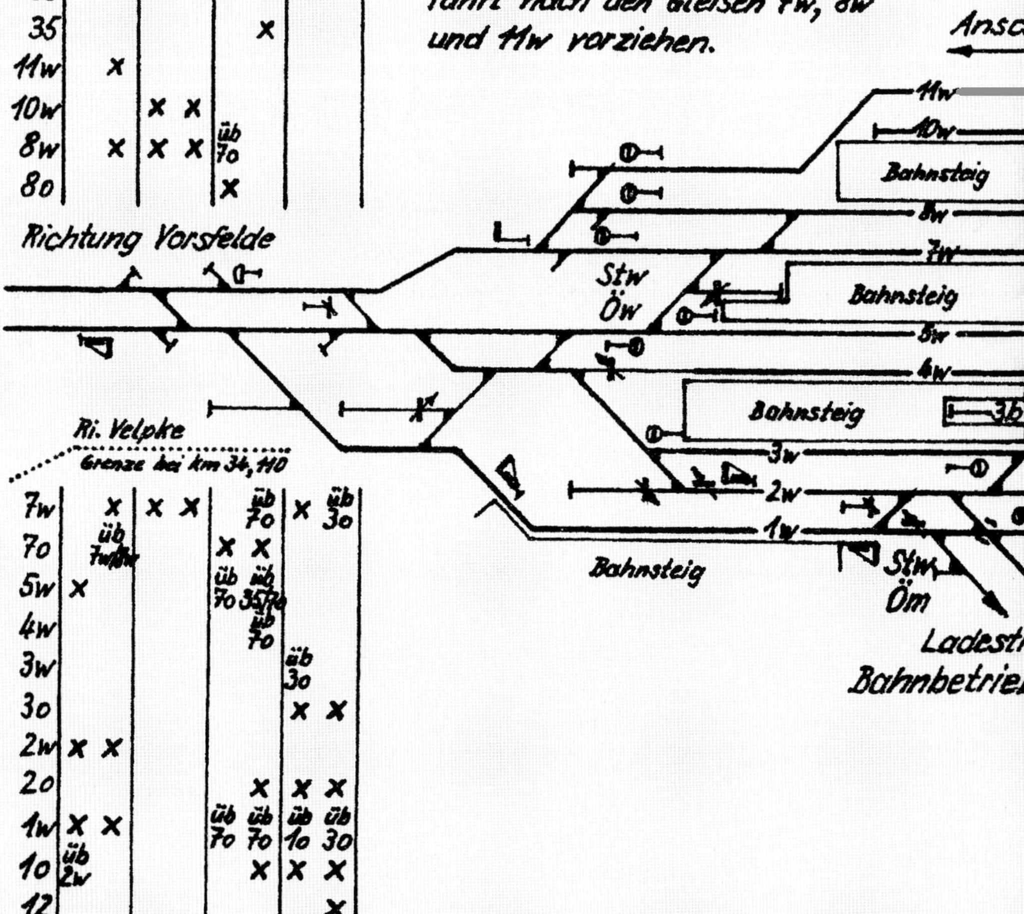

Gleisplanskizze des Bahnhofs Oebisfelde (Stand Oktober 1980) mit allen Hauptgleisen und Signalen. Durch den vorgelagerten Güterbahnhof ergab sich eine Vielzahl von Fahrmöglichkeiten, für die nicht in jedem Fall Zugfahrstraßen bestanden. Für Fahrten zwischen beiden Bahnhofsteilen gab es nur hier so genannte Teil-Durchfahrstraßen, die jedoch vor der Grenze endeten. Slg. Kuhlmann

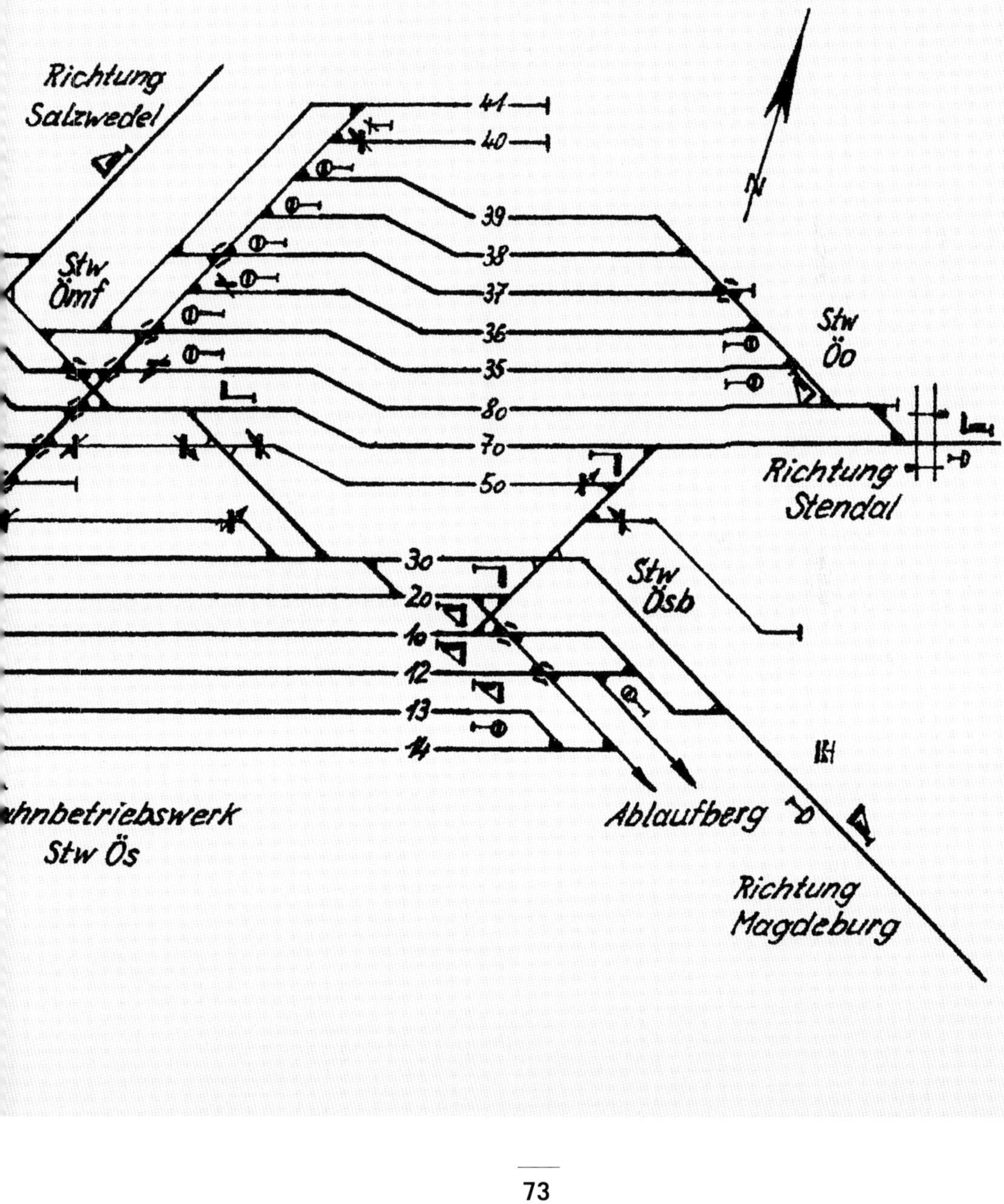

Ein vom Grenzbahnhof Oebisfelde (im Hintergrund) kommender Güterzug mit 50 2379 überfährt die Grenze.
Foto: Ralf Roman Rossberg

Oben links: Blick von der Straßenbrücke in Richtung Osten auf den Personenbahnhof mit dem Dienstgebäude der „Organe“. Am Kontrollbahnsteig wartet ein mit einer 221 bespannter Reisezug auf Ausfahrt in Richtung Westen.
Repro: BStU-Kopie MfS HA VI 10076

Oben rechts: Am 13. Februar 1969 erhielt in Oebisfelde die 220 081 mit einem Schnellzug Ausfahrt.
Foto: Kuhlmann

die Bahnen gemäß der am 1. Oktober 1945 getroffenen Sondervereinbarung über diesen Übergang Fahrzeuge zwischen den Besatzungszonen aus. Doch wurden auch Güterzüge mit Frachten nach West-Berlin gefahren; ab dem 2. April 1948 geschah das ausschließlich über Marienborn.

Mit Beginn der Berliner Blockade wurde dieser Übergang geschlossen, die Nachrichtenverbindungen unterbrochen. Doch ab dem 9. September 1948 fuhren aus Richtung Magdeburg wieder zwei Postzugpaare, dann wurde der Zugverkehr in geringem Umfang aufrechterhalten.

Ab Mai 1949, nach dem Ende der Berliner Blockade, nahm man den Güterverkehr wieder auf, der sich bedeutend steigerte. Dafür war zwar Oebisfelde mit seinen ausgedehnten Anlagen als Lokwechselbahnhof geeignet, nicht jedoch der hoffnungslos über-

Eine Diesellokomotive der BR 216 ist mit einem Zug leerer Autotransportwagen zur letzten Kontrolle vorgezogen.
Foto: Kuhlmann

forderte DB-Bahnhof Vorsfelde. Bis zu 40 Güterzüge waren pro Tag abzufertigen.

Am 15. Juli 1954 musste der Übergang Oebisfelde für den Reisezugverkehr (nicht nach und von West-Berlin) zugelassen werden, weil Helmstedt-Marienborn überlastet war und dort ständig große Verspätungen entstanden; als DB-Übergabebahnhof wurde Wolfsburg bestimmt. Nach der Wende durfte in die bestehenden Schnellzüge ein- und ausgestiegen werden, das Angebot wurde mit zwei weiteren Eilzugpaaren zwischen Hannover bzw. Braunschweig und Stendal sowie zusätzlichen Nahverkehrszügen zwischen Wolfsburg und Oebisfelde und ab 30. September 1990 mit einem weiteren Schnellzugpaar verdichtet.

Mit seinem Ausbau zum Grenzbahnhof entstanden in Oebisfelde „geordnete Verhältnisse", weil die Fahrstraßen den Bedingungen eines Grenzbetriebes angepasst wurden. Erleichternd war, dass sich die Güterzug-Behandlungsgleise östlich der Bahnsteige befanden. Den Hausbahnsteig (am Empfangsgebäude) nutzte man nur für die Kontrolle der Interzonen- bzw. Transitzüge, die anderen waren dem Binnenreiseverkehr bzw. den zur BRD ausfahrenden Güterzügen vorbehalten. Für die Triebwagen aus und in Richtung Salzwedel wurde das Bahnsteiggleis zum Stumpfgleis. Besondere Schutzweichen gab es deshalb nur am westlichen Bahnhofskopf. Zum „Schutz" Richtung Westen ausfahrender Züge waren in einigen Hauptgleisen Gleissperren, die – in Grundstellung abgelegt – nur bei Zugfahrten aufgelegt ein Nachfahren unterbanden (Gleise 1w/1o, 2w, 8o, 37).

Jahre später (1969) ein ähnliches Bild wie auf Seite 74/75 unten:
Statt mit einer Dampflokomotive ist der Güterzug mit einer V 100 bespannt, die Mastlampen der Gleisgasse sind erneuert und mit Streckmetallzäunen eingehaust.
Foto: Ralf Roman Rossberg

Seit dem 27. September 1998 wird der Bahnhof Oebisfelde von der neuen Hochgeschwindigkeitsstrecke Berlin – Hannover auf neuer Trasse von ICE nördlich umfahren.

Oebisfelde – Helmstedt: Lokomotiv-Leerfahrten

Die am 1. September 1895 eröffnete Strecke Oebisfelde – Wahrstedt – Bahrdorf (Braunschweig) – Weferlingen – Grasleben – Helmstedt schnitt nach Kriegsende dreimal die damalige Zonengrenze. In Weferlingen bestand Anschluss an das übrige DR-Netz in Richtung Haldensleben – Magdeburg.

Die Grenze bei Grasleben – Döhren: Keine Lokomotive passiert hier mehr die Verbindungsstrecke zwischen Helmstedt und Oebisfelde.
Foto: Ralf Roman Rossberg

Im Helmstedter Abkommen zwischen DR und DB vom 11. Mai 1949 zur „Wiederaufnahme des Zugverkehrs zwischen den Westzonen und der Sowjetzone sowie Berlin" wurden erstmals über diese eingleisige Strecke zwischen Oebisfelde und Helmstedt Lokleerfahrten festgeschrieben. Diese waren jetzt notwendig, weil Züge nach West-Berlin über Marienborn, in der Gegenrichtung aber über Oebisfelde zu leiten waren. Vor der Berliner Blockade wurden diese Züge in beiden Richtungen vom Bw Braunschweig Vbf durchgehend bis und ab Berlin bespannt; jetzt mussten an der Demarkationslinie Lok und Personal gewechselt werden. Wegen des bestehenden Ringverkehrs nach und von West-Berlin über beide Übergänge waren deshalb die Lokomotiven zwischen beiden Strecken auszugleichen.

Die ebenfalls in Oebisfelde aus Richtung Schandelah – Velpke einmündende Strecke wurde ab Sommer 1945 nur noch bis Velpke befahren, offenbar aber nicht unterbrochen. Denn im Helmstedter Abkommen ist ausdrücklich zugelassen worden, dass bei Störungen im gegenseitigen Einvernehmen Züge in Braunschweig umgespannt werden können und die Lokomotiven über Schandelah herangeführt werden; offenbar ist niemals davon Gebrauch gemacht wurden. Erst ab dem 2. Oktober 1955 ist diese Strecke von der DB am neuen Abzweig Grafhorst in die Hauptbahn in Richtung Vorsfelde eingebunden worden.

Die DR stellte ihre Lokleerfahrten zwischen Oebisfelde und Helmstedt am 16. September 1951 ein. Sie untersagte am 16. Juni 1952 der DB ihre Fahrten aufgrund der am 26. Mai 1952 von der DDR beschlossenen „Maßnahmen an der Demarkationslinie zwischen der DDR und den westlichen Besatzungszonen Deutschlands". Deshalb sind die DR-Bahnhöfe Döhren und Weferlingen dieser Strecke nie „richtige Grenzbahnhöfe" geworden.

Seit September 1995 ist die Strecke Weferlingen – Helmstedt wieder durchgehend befahrbar, weil Anfang des Jahres 1995 die Lücke zwischen Grasleben und Weferlingen geschlossen wurde. Unter Regie der DB AG verkehren Sand- und Schotterzüge in Richtung Helmstedt. Die Osthannoverschen Eisenbahnen (OHE) wollen hier ebenfalls Sandzüge befördern.

Marienborn: Von der Dorfstation zum Grenzbahnhof

Der bekannteste und wohl auch berühmteste Übergang zwischen Ost und West war Helmstedt – Marienborn an der Strecke Magdeburg – Hannover. Die Stammstrecke Schöningen – Eilsleben – Magdeburg mit dem Anschluss Eilsleben – Helmstedt ging am 15. September 1872 in Betrieb. Die weiter nach Hannover führende Strecke wurde zur bedeutendsten Ost-West-Verbindung, obwohl jene über Stendal kürzer war.

Nach der Besetzung durch amerikanische Truppen wurde bereits am 19. April 1945 das im Osten gelegene Kraftwerk Harbke aus Richtung Braunschweig mit Kohle beliefert. Unterbrochen wurde der Zugbetrieb erst, als die Besatzungsmächte die vereinbarten Zonen einnahmen. Am 4. Juli 1945 fuhr der erste amerikanisch-britische Militär-Güterzug über den neuen Übergang. Weil auch ziviler Güterverkehr in die Sowjetzone zugelassen wurde, belegten im August 1945 täglich zwölf Züge die Strecke. Der Beschluss des Alliierten Kontrollrates vom 10. September 1945, den zivilen und militärischen Güterverkehr und den militärischen Reiseverkehr nur über diesen Übergang zu leiten, wertete dessen Bedeutung nur noch auf. Am 22. September 1945 konnte der Abschnitt Helmstedt – Magdeburg wieder zweigleisig befahren werden, nachdem kleinere Schäden behoben worden waren. Der erste fahrplanmäßige Militärreisezug für die amerikanischen Truppen fuhr am 20. November 1945 von Braunschweig nach Berlin. Im internationalen Verkehr war im Sommer 1946 für kurze Zeit der „Nord-

Oben: Gleich bei der Einfahrt in den Bahnhof Marienborn wurde mit dem auf das Stellwerk W 1 aufgesetzten Wachturm jedem bewusst, in Grenznähe zu sein.
Foto: Kuhlmann

Rechts: Blick von der Beschaubrücke auf den leeren Bahnhof Marienborn.
Repro: BStU-Kopie MfS HA VI 10076

Fast für jeden an der westlichen Staatsgrenze der DDR befindlichen Bahnhof sind die Beschaubrücken charakteristisch, wie hier an der Westausfahrt des Bahnhofs Marienborn. Foto: Kuhlmann

Unten: Gleisplanskizze des Bahnhofs Marienborn (Stand 1967 mit späteren Ergänzungen). Als besondere Schutzweiche gegen Grenzdurchbrüche diente hier nur Weiche 35, weil die Abzweiganschlussstelle Harbke folgte. Zeichnung: Slg. Jürgen Krebs

Rechts: Gleisplanskizze der Abzweiganschlussstelle Harbke zwischen Marienborn und Helmstedt (Stand 1966 mit späteren Ergänzungen). Im Streckengleis befinden sich drei besondere Schutzweichen gegen unberechtigte Durchfahrten, die vierte ist zugleich die Anschlussweiche. Zeichnung: Slg. Jürgen Krebs

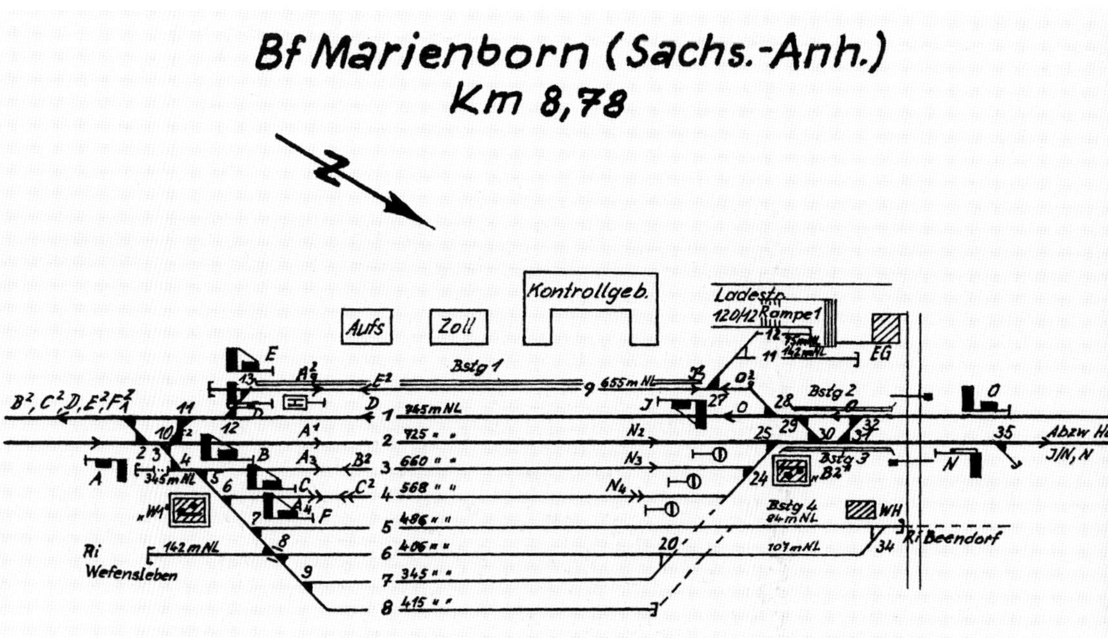

Express" Paris – Berlin eingesetzt worden. Deutsche konnten erst ab September 1946 wieder nach Berlin fahren. Dafür stellte man den alliierten Reisezügen einen Personenwagen für den Zivilverkehr bei. Am 1. Oktober 1946 fuhr zum ersten Mal ein Interzonenzug für den öffentlichen Verkehr FD 111/112 von Amsterdam über Bentwisch – Osnabrück – Helmstedt nach Berlin-Charlottenburg, später bis Friedrichstraße.

Sämtliche Züge nach und von Berlin wurden von Lokomotiven und Personal des Bw Braunschweig Vbf bis und ab Berlin befördert, weil die westlichen Alliierten darauf bestanden. Überwiegend waren Dampflokomotiven der BR 50 eingesetzt, rund 100 Maschinen; aus allen Direktionen rekrutierten sich die Personale, weil das eigene nicht ausreichte.

Bereits am 11. Februar 1948 – noch vor der Berliner Blockade – gab es Probleme mit dem Zivilzugteil eines britischen Militärzuges, der deshalb nicht mehr mitgeführt wurde. Ab dem 1. April 1948 verschärfte man in Marienborn die Kontrollen, ohne jedoch den Zugverkehr einzustellen. Am 11. Juni 1948 weigerte sich die DR, einige Güterzüge für Berlin zu übernehmen, am 10. Juni 1948 erhielt FD 111 keine Fahrtzustimmung, bis am 24. Juni 1948 der Zugverkehr wegen der Berliner Blockade gänzlich eingestellt wurde. Nach Monaten der Betriebsruhe fuhren wieder einige Züge in die Sowjetzone, nicht jedoch nach

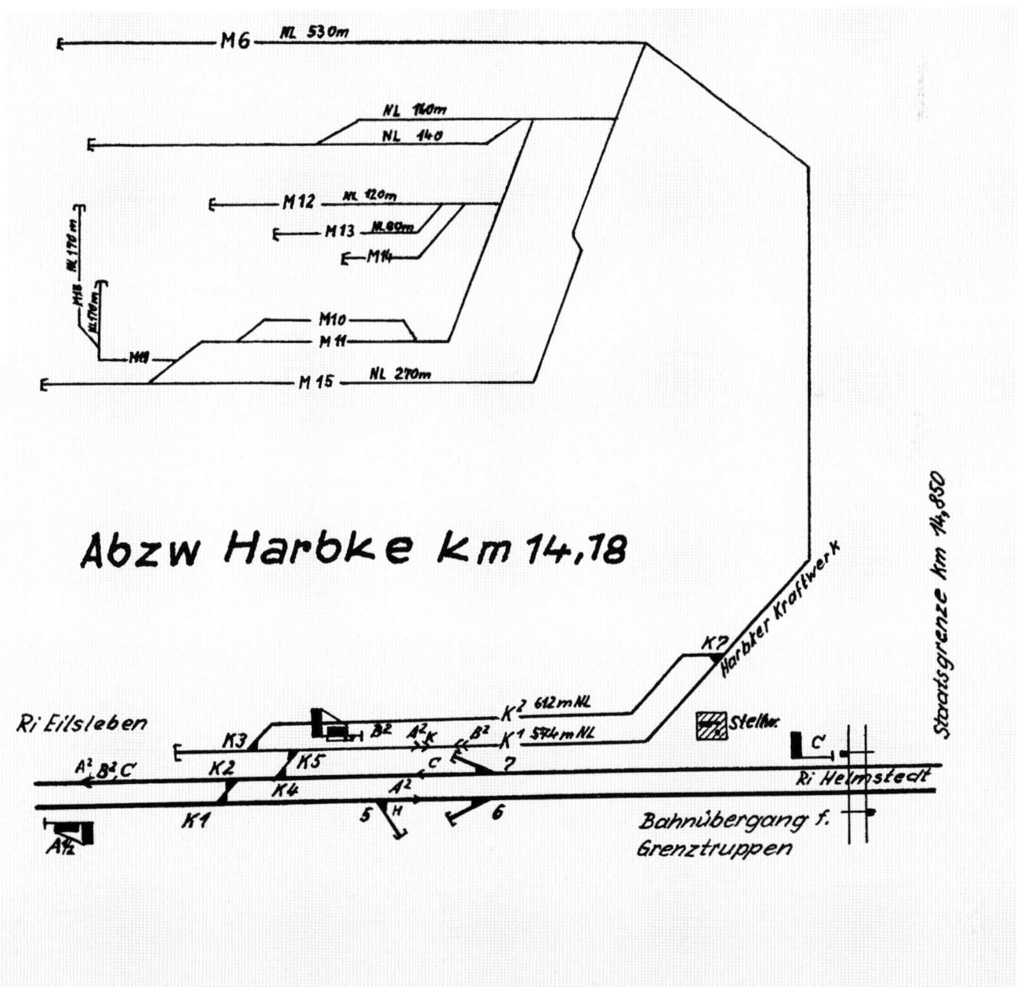

Früher wurde die Grenze zwischen beiden Bahnen ganz schlicht markiert, wie hier zwischen Marienborn und Helmstedt. Im Hintergrund die Schornsteine des in der DDR befindlichen Kraftwerkes Harbke.
Foto: Ralf Roman Rossberg

West-Berlin. Der bisher noch mögliche Postverkehr musste ab 27. September 1948 nach Bebra verlegt werden.

Am Vormittag des 11. Mai 1949 traf eine Delegation der DR mit einem Dieseltriebwagen in Helmstedt ein, um Einzelheiten zur „Wiederaufnahme des Zugverkehrs zwischen den Westzonen und der Sowjetzone sowie Berlin" zu paraphieren, das als Helmstedter Abkommen bekannt geworden ist. Vorgesehen war ein Umfang des Zugverkehrs wie am 1. März 1948. Auf Forderung der Sowjets musste jedoch die bisherige durchgehende Bespannung durch das Bw Braunschweig Vbf aufgegeben werden; die DR wollte jetzt die Züge selbst befördern. Obwohl die westlichen Alliierten protestierten, mussten sie schließlich nachgeben, um nicht die Wiederaufnahme des Zugverkehrs zu gefährden. Noch in der Nacht des 12. Mai 1949 verließ der erste Zug, ein britischer Militärreisezug, unter Blitzlichtgewitter der Reporter den Bahnhof in Helmstedt.

Als einziges ziviles Zugpaar verblieb FD 111/112, das ständig überfüllt war. Mit dem Offenbacher Abkommen vom 3. September 1949 wurden auch Büchen – Schwanheide, Bebra – Gerstungen und Ludwigsstadt – Probstzella für den zivilen Personenverkehr mit der Sowjetzone und mit West-Berlin zugelassen, sodass zwischen Köln und Berlin FD 109/110 als neues Zugpaar verkehren konnte. Der Interzonenverkehr nahm einen ungeahnten Aufschwung, zumal seit November 1953 keine Interzonenpässe mehr vorgeschrieben waren. Ab dem 15. Juli 1954 verkehrten Speise- und Schlafwagen, die paritätisch von der MITROPA und der DSG gestellt wurden; ab 29. Mai 1960 waren zusätzlich sowjetische Schlafwagen im D 105/106 (ab 1969 „Ost-West-Express") eingesetzt.

Binnenreisezüge der DR wurden in Marienborn auf einem besonderen Bahnhofsteil abgefertigt, der früheren Strecke nach Beendorf, daher vom Interzonen- bzw. Transitverkehr nach Westen vollkommen getrennt. Für diesen gab es neben den durchgehenden Hauptgleisen ein südliches Überholungsgleis mit Kontrollbahnsteig und -gebäude sowie zwei weitere nördliche Überholungsgleise für die Kontrollen der Güterzüge. Zwischen Marienborn und der im Grenzstreckenabschnitt gelegenen Ab-

Immer im Blick der „Organe" war der Kontrollbahnsteig in Marienborn: Zwei Spiegel an der Säule des Bahnsteigdaches gewährten die Sicht. Ganz links neben den beiden durchgehenden Hauptgleisen die Kontrollgruppe für Güterzüge. Foto: Kuhlmann

Im Bahnhof Helmstedt wartet die 132 459-9 mit einem Transitzug auf Ausfahrt nach West-Berlin. Foto: Ralf Roman Rossberg

Das Stellwerk der Abzweiganschlussstelle Harbke ist heute abgerissen. 1990 waren auf den Anschlussgleisen von der DR nicht benötigte Güterwagen abgestellt. Foto: Kuhlmann

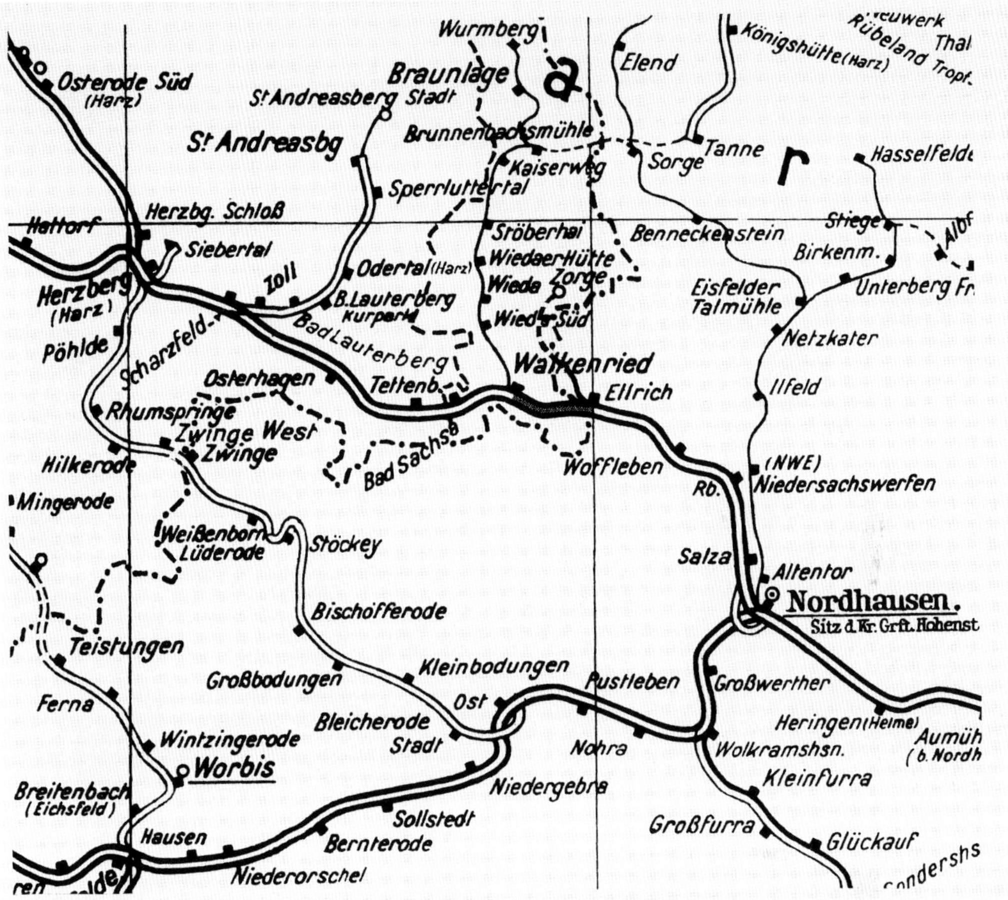

Übergang Ellrich – Walkenried

zweiganschlussstelle Harbke bestand eine Schutzblockstrecke: Das Ausfahrsignal in Marienborn konnte erst auf Fahrt gestellt werden, wenn das Blocksignal in Harbke in Richtung Grenze, das zuvor von Marienborn aus freigegeben worden war, Fahrt zeigte. Da weitere vorhandene Weichen ausgenutzt werden konnten, gab es in Marienborn nur eine besondere Schutzweiche, dagegen in Harbke drei.

Nach der Wende erlebte der Zugverkehr einen Aufschwung. Doch seit dem Winterfahrplan 1990/91 halten in Marienborn keine Fernreisezüge mehr. Seit 23. April 1993 (Oberleitung zugeschaltet) besteht elektrischer Betrieb zwischen Magdeburg und Helmstedt.

Ellrich: Nach langer Mühe – 1989 Reiseverkehr erzwungen

Die 41,72 Kilometer lange Strecke Herzberg (Harz) – Nordhausen mit dem Abschnitt Walkenried – Ellrich wurde am 1. August 1869 eröffnet und entwickelte sich zu einer wichtigen und gut ausgelasteten Ferngüterzugstrecke zwischen dem Ruhrgebiet und Mitteldeutschland.

Gegen Ende des Zweiten Weltkrieges wurde dieses Gebiet von amerikanischen Truppen besetzt, die sich bis zum 4. Juli 1945 in die vereinbarten Besatzungszonen zurückzogen. Bis zu diesem Zeitpunkt bestand über diesen neuen Übergang noch bedarfsweiser Personen- und Güterverkehr und zog sich die US-Army zurück. In den 4,5 Kilometer langen Abschnitt zwischen Walkenried und Ellrich befindet sich der 269 Meter lange Walkenrieder Tunnel. Unmittelbar an der Demarkationslinie stand das Einfahrsignal des Bahnhofs Ellrich links von Gleis, damit es aus dem Tunnel heraus sichtbar war. Die nach Herzberg (Harz) weiterführende Strecke berührte zwischen Osterhagen und Bad Sachsa nochmal die Sowjetzone. Mit dem am 12. Juli 1945 zwischen Großbritannien und der Sowjetunion beschlossenen Abkommen über Grenzkorrekturen im Harz wurden Bad Sachsa und Tettenborn in die britische Zone eingegliedert, sodass die Bahnlinie die Sowjetzone nicht mehr durchschnitt. Durchgehender Zugverkehr bestand aber nicht.

Die westliche Seite lehnte es 1947 ab, diesen Übergang zu öffnen, weil die Strecke Altenbeken – Northeim bei Wehrden und Uslar kriegsbedingt unterbrochen sei. Die SMAD konnte auf einer Besprechung am 3. Oktober 1947 in Berlin durchsetzen, diesen für den Kohleverkehr zu öffnen. Ab dem 10. November 1947 mussten Lokomotiven und Personal die Züge in Nordhausen abholen bzw. dort übergeben. Später wurde im gegenseitigen Einvernehmen Kali aus dem Bereich Bischofferode befördert. Das vorgesehene Öffnen des Überganges für alle Güter unterblieb durch die einsetzende Berliner Blockade 1948.

Danach lief der Güterverkehr erst am 3. Oktober 1949 wieder an, Lokwechsel war in Ellrich. Weil täglich nur zwei bis drei Zugpaare verkehrten, wurde am 1. Juli 1950 zwischen beiden Bahnhöfen eingleisiger Betrieb eingerichtet. Im Herbst 1950 und im Frühjahr 1951 konnten je zwei Sonderzüge zur Leipziger Messe diesen Übergang benutzen. Weitere Bemühungen, den Reiseverkehr aufzunehmen, blieben 1957 und 1972 erfolglos, da angeblich der Bedarf zu gering sei. Ab 1. Juni 1958 fand die Grenzabfertigung der DB nicht mehr in Walkenried, sondern in Herzberg (Harz) statt.

Nach dem Bau der Mauer 1961 wurde im nach Westen führenden Streckengleis eine Platz sparende

**Die „Staatsgrenze West" verlief am Bahnhof Ellrich unmittelbar am Einfahrsignal. Das Gleistor wurde von den Grenztruppen fernbedient, ohne signalabhängig zu sein, damit sich niemand in Grenznähe aufhalten musste.
Foto: Ullstein – Klaus Lehnartz**

A
Ellrich

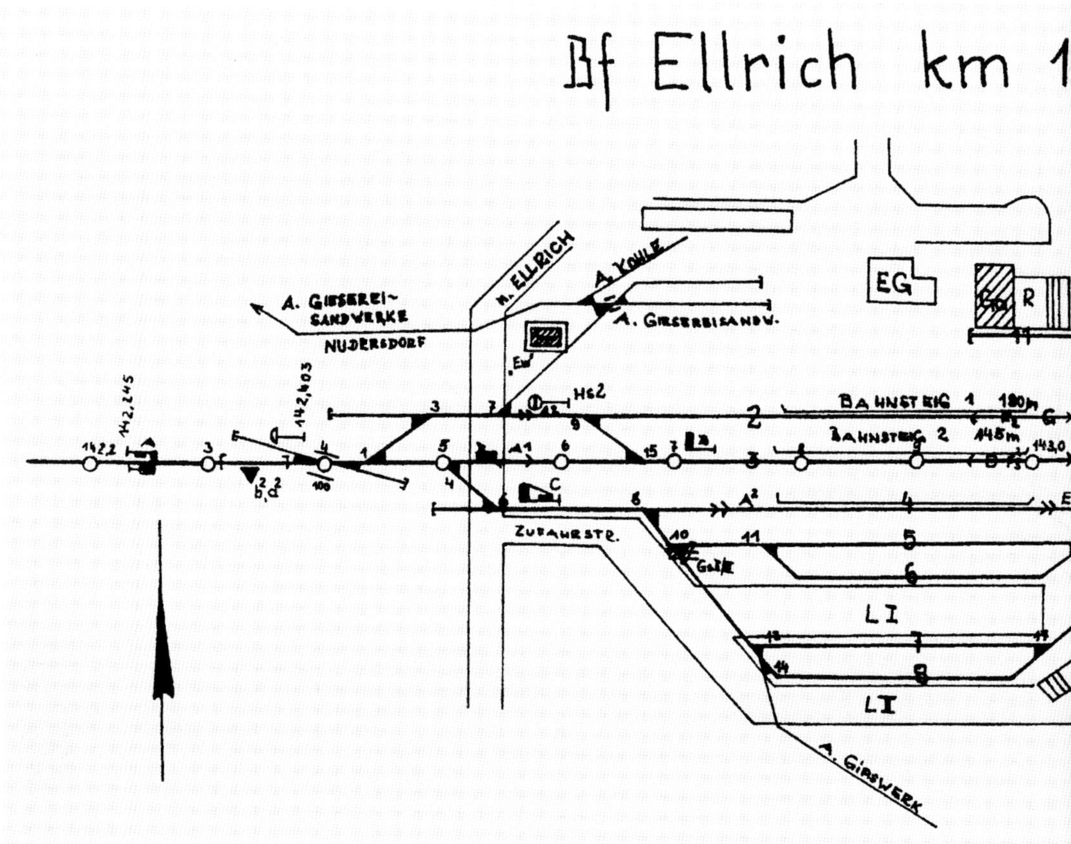
Bf Ellrich km 1
n. ELLRICH
A. KOHLE
A. GIESSEREI-SANDWERKE
NUDERSDORF
A. GIESSEREISANDW.
EG
R
BAHNSTEIG 1 180m
BAHNSTEIG 2 145m
Hs2
142,2
142,245
142,403
143,0
ZUFAHRSTR.
LI
A. GIPSWERK

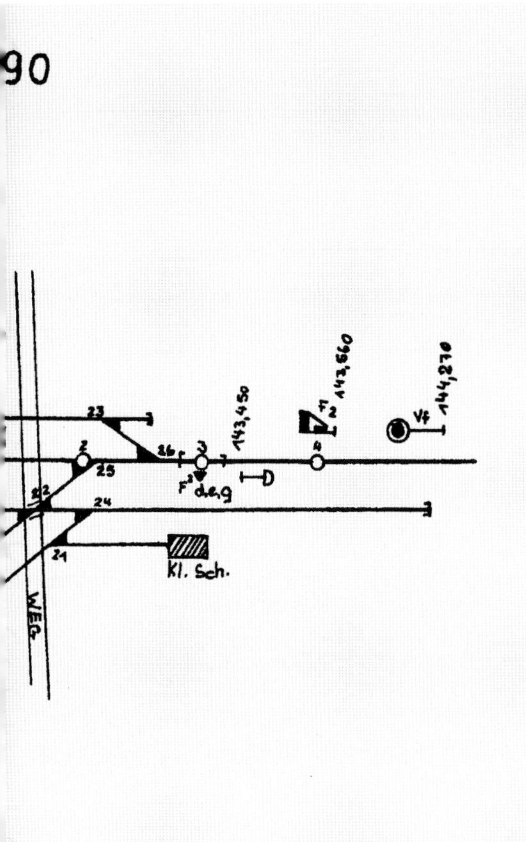

Oben: Gleisplanskizze des Bahnhofs Ellrich. Da die Grenze in km 142,045 verlief und man das Einfahrsignal nicht in Richtung Westen versetzen wollte, baute man eine doppelte Kreuzungsweiche (DKW) Platz sparend als besondere Schutzweiche gegen Grenzdurchbrüche ein. Das ursprüngliche Vorsignal auf westlichem Gebiet ersetzte man bis 1978 durch eine Kosten sparende Kreuztafel. Slg. Kuhlmann

Unmittelbar am Zaun stand das Einfahrsignal des Bahnhofs Ellrich aus Richtung Walkenried. Foto: Ralf Roman Rossberg

Links: Die Beschaubrücke des Bahnhofs Ellrich ist verwaist, aus Göttingen fährt der mit der 216 170-1 bespannte Eilzug nach Nordhausen ein. Foto: Th. Splittgerber

doppelte Kreuzungsweiche (DKW) als besondere Schutzweiche zum Verhindern von Grenzdurchbrüchen in beiden Richtungen eingebaut, weil das an der Grenze befindliche Einfahrsignal nicht weiter nach Westen versetzt werden konnte. Das in der BRD befindliche zugehörige Einfahrvorsignal ist 1978 aus Kostengründen durch eine wartungsarme Kreuztafel ersetzt worden.

Mehr Erfolg, den Reiseverkehr zu eröffnen, hatten am 12. November 1989 fünf Bundesbahner, die die Fahrt mit einem Dieseltriebwagen der BR 614 nach Ellrich und zurück nach Walkenried organisierten, 13-mal fuhr der Zug an diesem Tag hin und zurück (siehe Kapitel 6). Und heute verkehren Reisezüge.

Arenshausen: Die Grenze blieb dicht

Der 3,5 Kilometer lange und am 13. März 1872 eröffnete Abschnitt Arenshausen – Eichenberg war ein Teil der mit Reise- und Güterzügen stark belegten Ost-West-Verbindung zwischen Halle (Saale) und Kassel.

Wie der Raum Walkenried – Ellrich wurde auch Eichenberg – Arenshausen von amerikanischen Truppen besetzt, die sich bis zum 4. Juli 1945 in ihre Zone zurückzogen. Deshalb bestand hier bis zu diesem Zeitpunkt noch unregelmäßiger Zugverkehr, der hauptsächlich dem Rückzug der Amerikaner

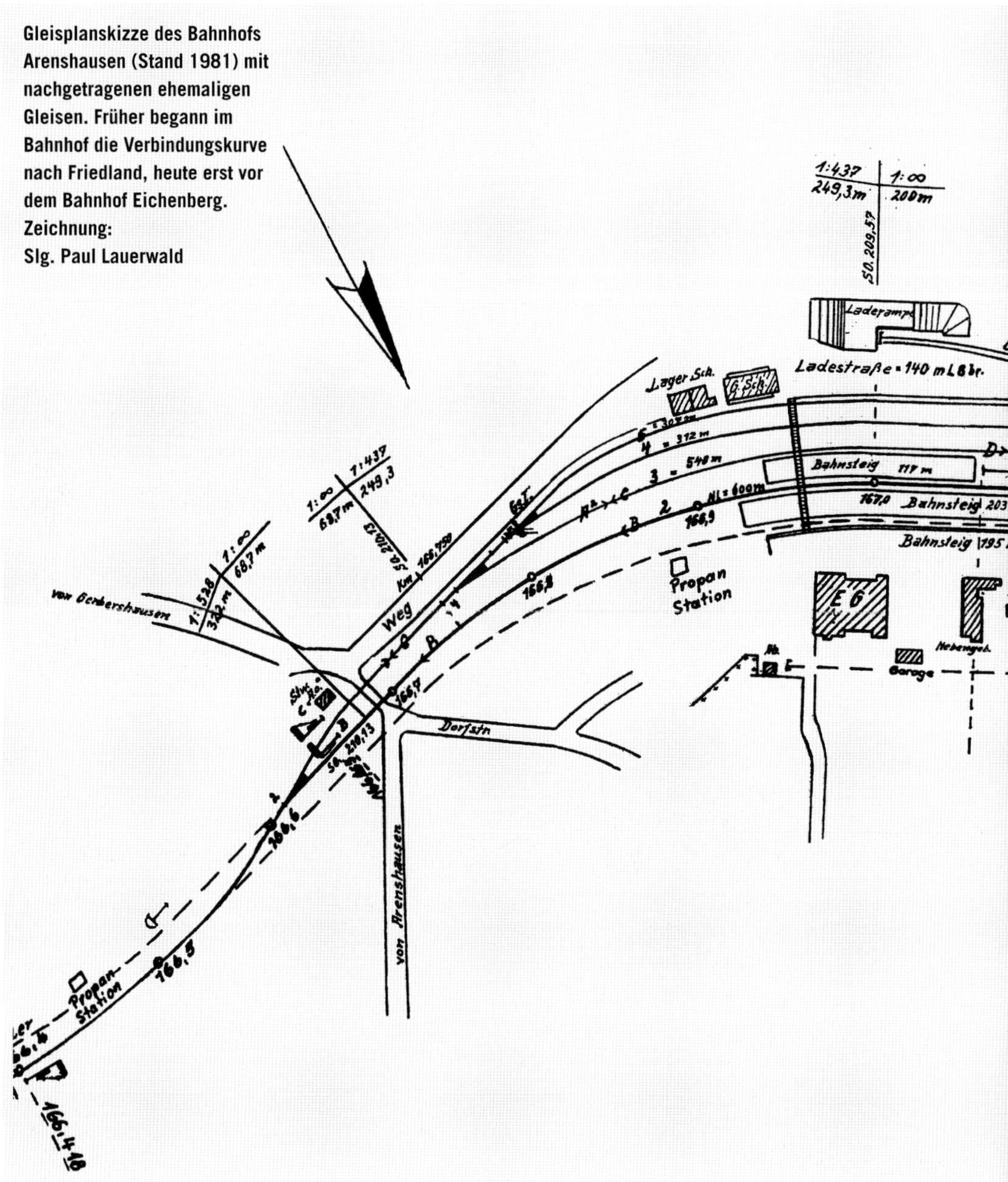

Gleisplanskizze des Bahnhofs Arenshausen (Stand 1981) mit nachgetragenen ehemaligen Gleisen. Früher begann im Bahnhof die Verbindungskurve nach Friedland, heute erst vor dem Bahnhof Eichenberg. Zeichnung: Slg. Paul Lauerwald

diente. Trotzdem sollen noch bis 1948 sporadische Fahrten über die Demarkationslinie stattgefunden haben, um Fahrzeuge auszutauschen. Dann wurde es still um diese Strecke, scheinbar jedenfalls ...

Eichenberg lag am Drei-Zonen-Eck zwischen britischer, amerikanischer und sowjetischer Zone. Bis zum 1. November 1948 wurden hier in Richtung Norden und bis zum 1. November 1949 nach Süden die Interzonenpässe kontrolliert, sodass alle Gleise im Bf Eichenberg für die Grenzabfertigung genutzt wurden; zusätzliche Züge nach und von der SBZ waren deshalb nicht mehr möglich (Interzonenpass-

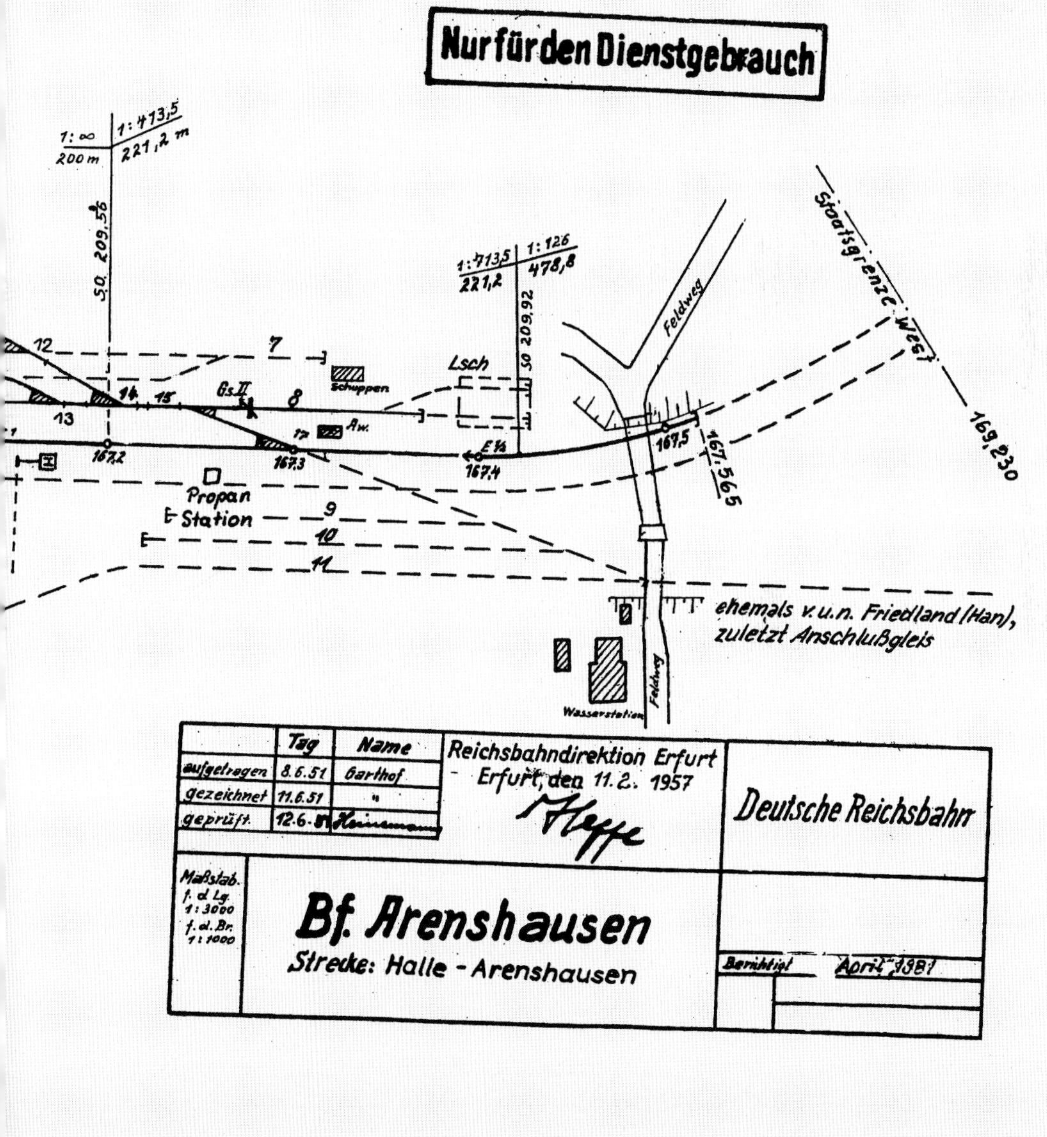

Übergang Arenshausen – Eichenberg

Am 27.Mai 1990 wurde die Strecke zwischen Arenshausen und Eichenberg wieder eröffnet. Foto: Ralf Roman Rossberg

Blick auf die Gleise des Bahnhofs Eichenberg. Der ganz rechte Bahnsteig diente früher dem Zugverkehr nach Arenshausen. Foto: Ralf Roman Rossberg

Der Lückenschluss zwischen Arenshausen und Eichenberg ist fast vollendet, Bauzüge befahren bereits die Strecke.
Foto: Ralf Roman Rossberg

Mit einem Spurplanstellwerk der Bauart SpDrS 60 in Containern half die DB, die fehlenden Sicherungsanlagen in Arenshausen zu ersetzen.
Foto: Ralf Roman Rossberg

Nach der Renovierung erstrahlt das Empfangsgebäude von Arenshausen im neuen Glanz. Statt einem Bahnhof findet der Reisende heute hier nur einen Haltepunkt vor.
Foto: Ralf Roman Rossberg

Vier Jahre später, am 28.Mai 1994, begann der elektrische Betrieb zwischen Leinefelde und Eichenberg mit einem Eröffnungszug, hier vor der Abfahrt in Leinefelde.
Foto: Th. Splittgerber

zwang nach und vom Osten bestand bis zum 16. bzw. 21. November 1953).

Als am 12. August 1947 in Bielefeld beide Bahnverwaltungen über das Öffnen weiterer Übergänge verhandelten, wurde zwar von östlicher Seite Eichenberg – Arenshausen an erster Stelle genannt, von der Westseite aus den oben genannten Gründen abgelehnt. Nach dem Ende der Berliner Blockade im Mai 1949 waren sich beide Bahnen zwar einig, den Verkehr über diesen Übergang wieder aufzunehmen – man wollte Einzelheiten und Zeitpunkt besonders vereinbaren –, doch dazu ist es nie gekommen. Auch später wurde von westlicher Seite mehrfach erfolglos gefordert, diesen Übergang zu öffnen.

Nach der politischen Wende in der DDR dauerte es nur bis zum 27. Mai 1990, bis zwischen beiden Bahnhöfen der planmäßige Reisezugverkehr mit vier bzw. fünf Zugpaaren täglich aufgenommen werden konnte. Güterverkehr besteht seit August 1990 für vereinbarte Züge, 1991 entfiel diese Beschränkung. Am 29. Mai 1994 wurde von Sollstedt über Leinefelde nach Eichenberg der elektrische Betrieb aufgenommen, am 3. August 1998 auf der neuen Verbindungskurve bei Eichenberg, auf der seit 27. September 1998 direkte Zugfahrten zwischen Arenshausen und Friedland stattfinden. Arenshausen ist seit der Inbetriebnahme des elektronischen Stellwerkes Leinefelde am 9. Mai 1994 nur noch Haltepunkt.

In Bebra einträchtig nebeneinander: 01 517 der DR und E 10 338 der DB.
Foto: Ralf Roman Rossberg

Eingefahren in Bebra ist ein mit der 01 522 bespannter Schnellzug aus der DDR.
Foto: Ralf Roman Rossberg

Wartha (Werra) – Gerstungen – Dankmarshausen – Vacha: Kali-, Transit- und Grenzverkehr

Die Strecke Bebra – Gerstungen wurde am 25. September 1849 von der Friedrich-Wilhelms-Nordbahn-Gesellschaft eröffnet, die anschließende Strecke nach Eisenach am gleichen Tag von der Thüringenschen Eisenbahn-Gesellschaft.

In Gerstungen zweigt eine Nebenbahn nach Vacha ab: Diese wurde am 1. Oktober 1903 bis Berka (Werra) eröffnet, am 1. Dezember 1903 bis Dankmarshausen, am 30. März 1904 bis Heringen (Werra) und am 2. Oktober 1905 über Heimboldshausen bis Vacha verlängert. In Heimboldshausen bestand seit 27. September 1912 Anschluss an die Hersfelder Kreisbahn. Über Vacha hinaus wurde die Strecke am 7. Juli 1906 (Pv) bzw. 1. Dezember 1906 (Gv) bis nach Bad Salzungen an der Werra-Bahn verlängert. Bedeutend für diese Nebenbahn war der starke Güterverkehr infolge der Kali-Vorkommen.

Ebenfalls in Vacha zweigte seit 1. August 1906 die nach Süden führende Nebenbahn nach Wenigentaft-Mansbach ab. Westlich von Vacha befand sich der Hp Philippsthal Süd, es folgte Bf Unterbreizbach, auf dem ebenfalls Kali verladen wurde. Die Strecke diente vorwiegend dem Berufsverkehr zu den Gruben, aber auch der Kali-Abfuhr, sowohl über Gerstungen im Norden, als auch über Wenigentaft-Mansbach nach Hünfeld bzw. Motzlar (Rhön) – Hilders (Rhön) im Süden.

1945 entstanden hier mit der neuen Grenzziehung die kompliziertesten Verhältnisse zwischen Ost und

Übergänge Wartha (Werra) Herleshausen – Wommen – Gerstungen – Bebra, Dankmarshausen – Widdershausen und Philippsthal – Vacha

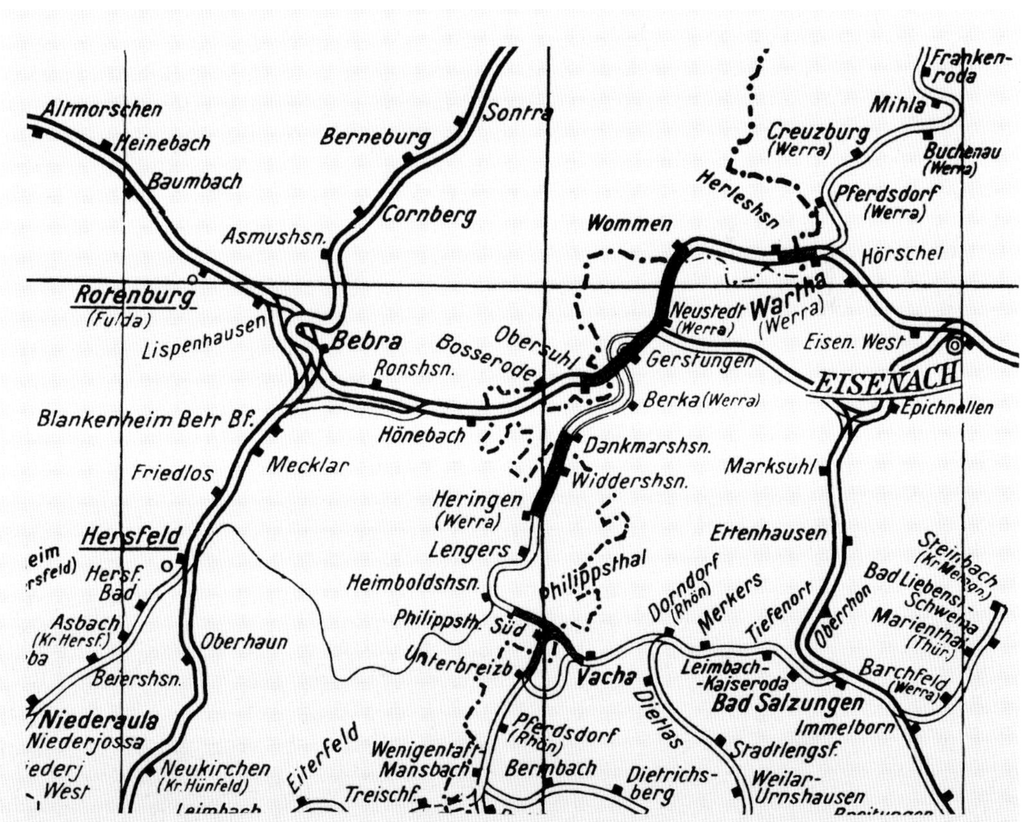

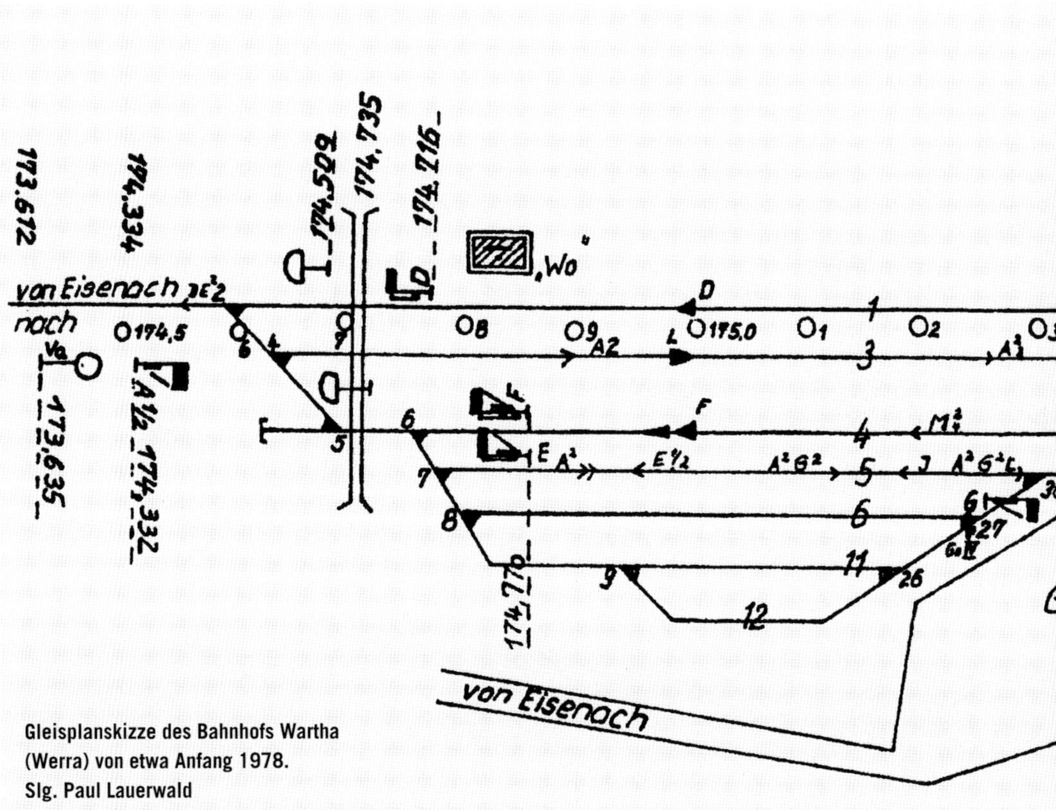

Gleisplanskizze des Bahnhofs Wartha (Werra) von etwa Anfang 1978.
Slg. Paul Lauerwald

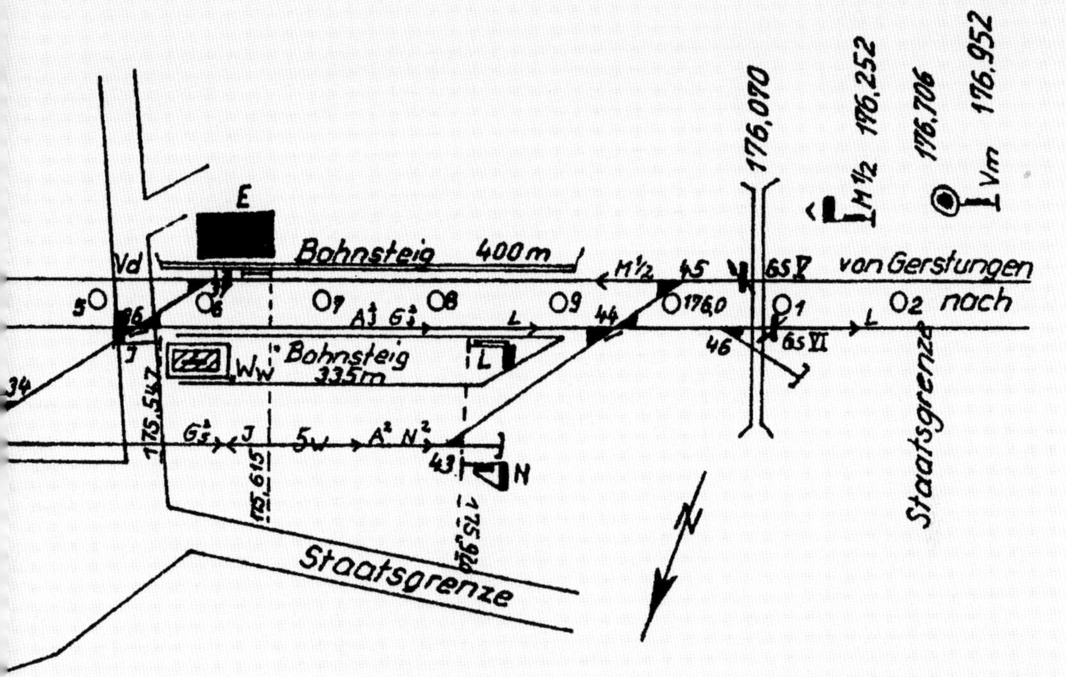

West. Die Hauptbahn Bebra – Gerstungen – Wartha (Werra) wurde von der der damaligen Landesgrenze folgenden Demarkationslinie fünfmal geschnitten:
In der amerikanischen Zone
von Bebra (km 210,36) über Bk Weiterode (km 207,81), Abzweig Faßdorf (km 206,39), Hp Ronshausen (km 205,21), Bk Friedewald (km 203,62), Bk Eichhorst (km 200,46), Hönebach (km 198,79) bis km 197,962
weiter in der sowjetischen Zone
mit den Bk Großensee (km 196,61) und Bosserode (km 194,10) bis km 196,245
wieder in der amerikanischen Zone
mit der Bk Schilthof (km 191,54)
und Hp Obersuhl (einst km 191,60, heute 192,83) bis km 191,343
zurück in der sowjetischen Zone
mit Bf Gerstungen (km 189,32) und
Hp Neustedt (Werra) (km 185,63) bis km 183,810
und schließlich in der amerikanischen Zone
mit Bf Wommen (km 182,70) und
Bf Herleshausen (km 178,36) bis km 176,706
bis zum Bf Wartha (Werra) (km 175,62) in der sowjetischen Zone

In Obersuhl wartet ein kurzer Güterzug mit der 41 122 der DR auf Weiterfahrt. Foto: Ralf Roman Rossberg

Als Verwaltungsgrenze vereinbarten beiden Bahnen am 27. Juli bzw. 17. September 1946 km 191,343, sodass Bahnabschnitte und Personal der sowjetischen Zone von der westlichen Bahn und zugleich Abschnitte und Personal der amerikanischen Zone von der östlichen Bahn verwaltet wurden. Im Mai 1947 regte die Direktion Kassel einen Gebietsaustausch an, aber dafür war die Zeit vorbei. Und wer dachte schon 1947 an zwei separate deutsche Staaten?

Die von Gerstungen nach Vacha führende Nebenbahn – einst zwischen Gerstungen und Heringen (Werra) zweigleisig – führte

in der sowjetischen Zone	
mit den Bf Berka (Werra) (km 2,91)	
und Dankmarshausen (km 6,99) bis	km 7,684
dann durch die amerikanische Zone	
mit den Hp Widdershausen (km 8,78),	
Bf Heringen (Werra) (km 11,64), Hp Lengers (km 14,69), Bf Heimboldshausen	
(km 18,28) und Philippsthal (km 21,60) bis	km 22,43
bis zum Bf Vacha (km 24,75) in der sowjetischen Zone.	

Die von Vacha nach Wenigentaft-Mansbach abzweigende Nebenbahn führte

von der sowjetischen Zone	
vom Bf Vacha (km 16,30) bis	km 18,62
durch die amerikanische Zone über	
den Hp Philippsthal Süd (km 19,94) bis	km 20,71
zurück in die sowjetische Zone	
über Bf Unterbreizbach (km 22,03),	
Hp Pferdsdorf (Rhön) (km 25,70) bis	km 26,43
durch die amerikanische Zone bis	km 26,84
durch die sowjetische Zone bis	km 27,20
durch die amerikanische Zone bis	km 28,20
bis zum Bf Wenigentaft-Mansbach (km 28,53) in der sowjetischen Zone.	

Wie konnte jetzt nach Kriegsende auf den durch Zonengrenzen unterbrochenen Strecken ein jeweils separater Zugbetrieb organisiert werden?

Seit Sommer 1945 rollten zwischen Bebra und Gerstungen geschlossene Transporte von befreiten Gefangenen und Fremdarbeitern, bis sich auch entlassene Soldaten, Flüchtlinge und Umsiedler einfanden. Kontrollen fanden damals in Hönebach statt. Bereits am

Blick auf den so genannten Transitbahnsteig in Gerstungen in Richtung Grenze. Der breite Bahnsteig ist mit einer mannshohen Wand getrennt. Repro: BStU-Kopie MfS HA VI 10076

17. September 1945 gestattete die US-Armee den Sowjets die Durchfahrt von Kali-Zügen von Vacha und Unterbreizbach über Philippsthal – Heimboldshausen – Gerstungen – Herleshausen nach Eisenach. Als Gegenleistung gestatteten die Sowjets die Kali-Abfuhr von Philippsthal nach Süden über Wenigentaft-Mansbach nach Hünfeld als Alternative zu Fahrten über die Hersfelder Kreisbahn, doch wurde das Angebot nicht angenommen. Seit dem 22. Februar 1946 fuhren im Transit von Heimboldshausen und Heringen (Werra) über Gerstungen in der SBZ nach Bebra drei Güterzugpaare, die hier Kopf machen mussten. Und ab dem 18. März 1946 verkehrten drei Personenzugpaare ebenfalls im Transit zwischen Bebra und Philippsthal über die SBZ. Benutzt werden durften diese Züge nur von Beschäftigten des Kali-Bergbaus, doch duldete die begleitende Bahnpolizei auch Reisende mit Interzonenpass.

Am 12. August 1947 wurde in Bielefeld zwischen beiden Bahnen ein Schnellzugpaar zwischen Köln und Leipzig mit Kurswagen von Frankfurt (Main) über Gerstungen vereinbart sowie drei Kohlezüge aus dem Ruhrgebiet in die SBZ. Zwischen Ost und West verkehrten im November 1947 insgesamt zwanzig Zugpaare. Außerdem fuhren bis zum 23. Mai 1952 Personenzüge von Eisenach – Wartha (Werra) ohne Halt durch die westliche Exklave bis Gerstungen. Auch von Vacha nach Motzlar (Rhön) verkehrten ab 1949 wieder Personenzüge. Allerdings durften diese von Reisenden zwischen Vacha und Unterbreizbach wegen der Durchfahrt über westliches Gebiet nicht benutzt werden. 1952 endete auch dieser Zugbetrieb.

Während der Berliner Blockade ruhte der Zugverkehr (mit Ausnahme des bisherigen Transitverkehrs von Bebra nach Philippsthal), der am 11. Mai 1949 wieder in vollem Umfang aufgenommen wurde. Ab 10. Februar 1949 wurde ein FD-Zugpaar Frankfurt (Main) – Berlin über Gerstungen vereinbart, dem später weitere folgten.

Im Vorfeld der am 26. Mai 1952 von der DDR erlassenen Verordnung über Maßnahmen an der Demarkationslinie wurden ab 23. Mai 1952 die Kali-Züge der DR von Vacha über Bad Salzungen umgeleitet, um den westdeutschen Abschnitt über Philippsthal – Heimboldshausen nicht mehr zu befahren. Die DR verbot der DB gleichzeitig das Halten der Pendlerzüge auf den Bahnhöfen Berka (Werra) und Dankmarshausen, auf denen bisher Bergarbeiter der DDR ein- und ausstiegen, und unterbrach am Abend des 30. Mai 1952 auch den Transitverkehr der DB. Am 3. Juni 1952 durfte die DB überraschenderweise ihre Kali-Züge wieder über Gerstungen fahren, doch wurden sie am 1. Juli 1952 erneut und endgültig unterbunden. Die DB sperrte deshalb am 2. Juli 1952 den Abschnitt zwischen Vacha und Philippsthal/ Unterbreizbach für die Durchfahrt von DR-Zügen. Der von Gerstungen nach Herleshausen und zurück verkehrende Übergabezug wurde am 2. Juli 1952

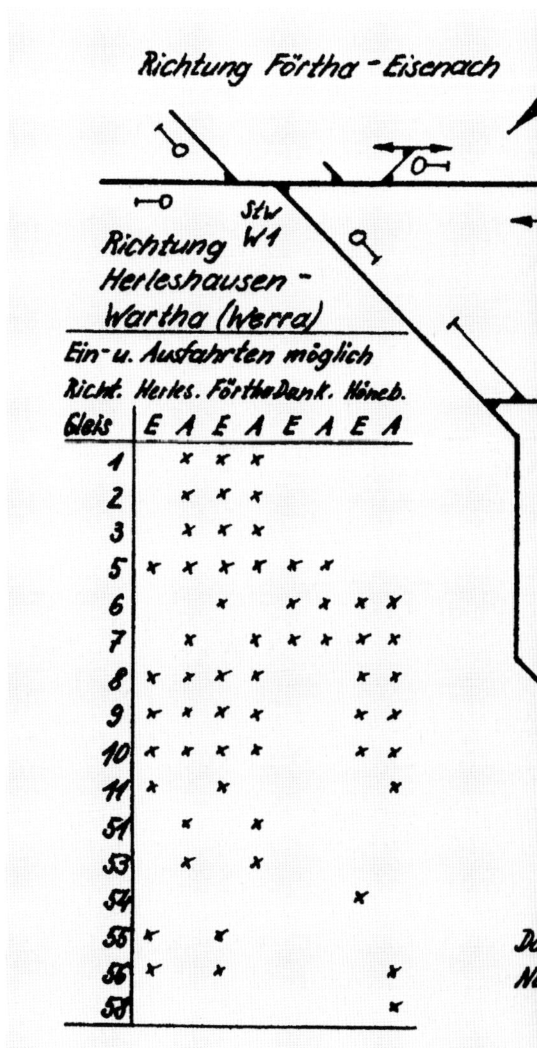

letztmalig eingesetzt. Ab 10. Juni 1952 konnten die auf östlichem Gebiet befindliche Blockstelle Großensee und der Schrankenposten 70 an der Hauptbahn nicht besetzt werden, weil die Beschäftigten ihre Dienstposten nicht mehr erreichten; gleichfalls durfte die DB vier Bahnübergänge auf dem Gebiet der DDR nicht besetzen, sodass die Züge wegen offener Schranken nur mit 15 km/h verkehren konnten.

Weil der Abschnitt zwischen Unterbreizbach und Vacha ebenfalls von der DB gesperrt war, baute die DR eine neue Strecke, die die BRD umging. Der 5,3 Kilometer lange Abschnitt über Sünna war in nur 89 Tagen fertig gestellt und wurde von der DDR als „erster sozialistischer Bahnbau" hochgestapelt. Die von starken Steigungen gekennzeichnete Strecke – deshalb können im Zug lediglich fünf beladene Wagen befördert werden –, wurde am 30. November 1952 eröffnet und war bis 2000 in Betrieb.

Nach bisherigen vergeblichen Mühen der DB, den beiderseitigen Kali-Transitverkehr wieder zuzulassen, lud plötzlich am 3. September 1954 das Rba Eisenach ein, um die Wiederaufnahme zu beraten. Ab 29. November 1954 verkehrten wieder Kali-Züge der DB und der DR im Transit; die bisherige

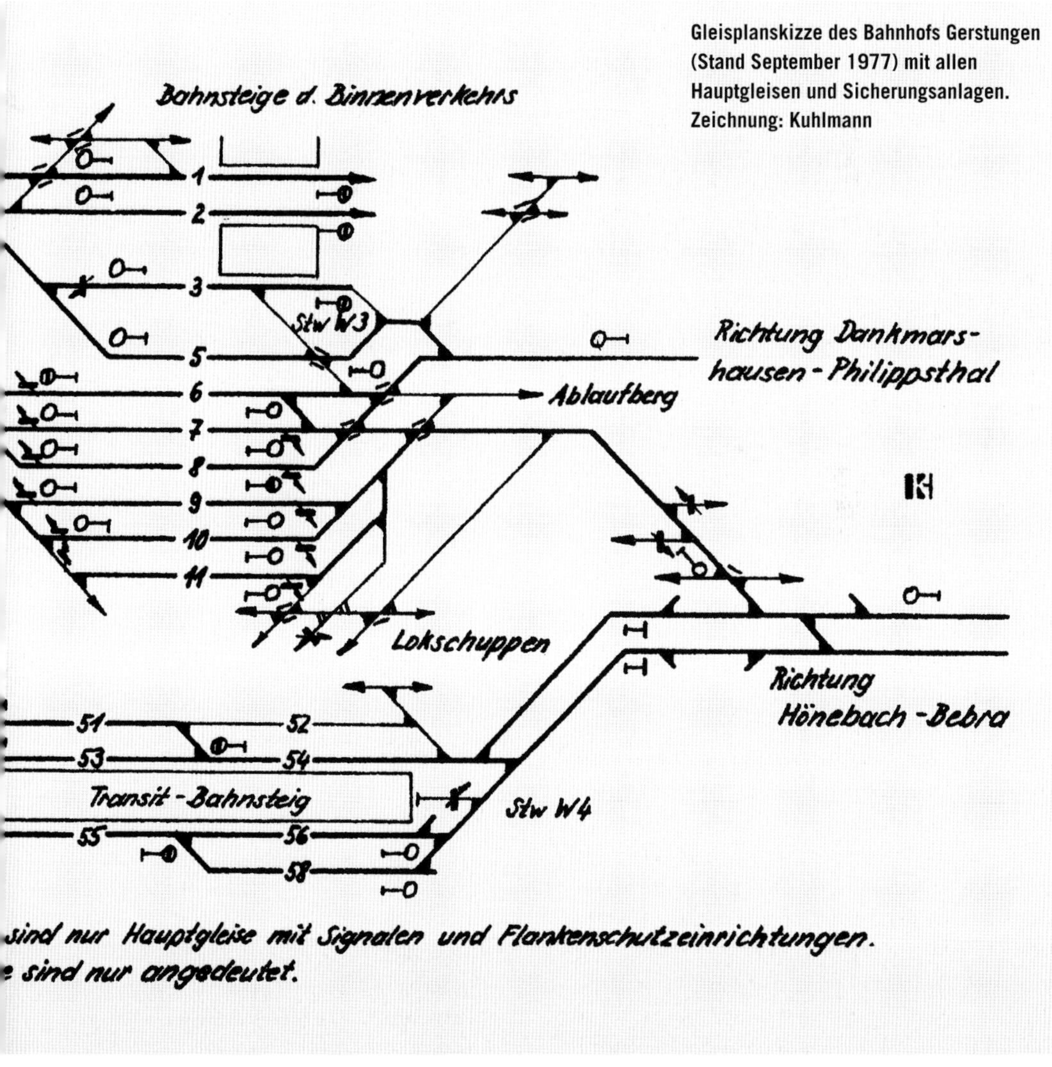

Gleisplanskizze des Bahnhofs Gerstungen (Stand September 1977) mit allen Hauptgleisen und Sicherungsanlagen. Zeichnung: Kuhlmann

Am 21. Juni 1968 ist die 01 527 mit dem D 190 bei Hönebach auf der Fahrt nach Bebra. Foto: Heinz Krautzschick

In Richtung Erfurt fährt ein mit der 01 531 bespannter Sonderzug über die ehemalige Grenze nach Gerstungen. Foto: Th. Splittgerber

Bahnhof Gerstungen im Juni 1992: Nicht Grenzposten haben den Wachturm bestiegen, sondern Eisenbahnfans, die den aus Richtung Bebra einfahrenden Sonderzug mit 01 531 (Hintergrund) fotografieren wollen. Foto: Th. Splittgerber

Kali-Abfuhr der DB über die Hersfelder Kreisbahn konnte aufgegeben werden. Lediglich auf die Pendlerzüge verzichtete die DB, weil die Arbeitsstellen mit Bussen schneller erreichbar waren. Ebenfalls ab 29. November 1954 konnten DB-Personenzüge die Hp Bosserode und Obersuhl bedienen, mussten aber leer in Gerstungen wenden.

Die DB wollte auf der gleichen Beratung die Bedienung der Bahnhöfe Herleshausen und Wommen gesichert wissen. Vereinbart wurde, solche Güterwagen einem Kali-Transitzug nach Philippsthal mitzugeben, in Gerstungen abzustellen, bis der zurückkehrende Zug bzw. deren Lok die Wagen nach Herleshausen überführt und dort zum Versand bereitstehende Wagen zurück nach Gerstungen bringt, um dann nach Bebra zu fahren. Auf jeder Fahrplanbesprechung wurde dies vorgetragen, doch war die DR der Meinung, dies sei nicht von den Bahnen, sondern von beiden Staaten zu regeln. – 1961 wurde die Mauer errichtet. Noch änderte sich nicht viel im Raum Gerstungen, bis die DR der DB am 5. Februar 1962 fernschriftlich mitteilte, dass ihre Kalizüge von Vacha über Philippsthal nach Gerstungen künftig nur nach Bedarf verkehren würden. Tatsächlich fuhr am 29. September 1962 der letzte Zug von Vacha nach Philippsthal, dann war auch diese Grenze dicht.

01 531

Weiterhin fuhren die DB-Züge von Philippsthal über Gerstungen nach Bebra ...

Um den über die BRD führenden Abschnitt Wartha (Werra) – Herleshausen – Wommen – Gerstungen zu umgehen, ließ die DDR eine nur auf ihrem Gebiet verlaufende 15,76 Kilometer lange eingleisige Strecke von Förtha (Kr Eisenach) (bis 1946 Epichnellen/ Wilhelmsthal) über Dietrichsberg nach Gerstungen bauen. Die Geländeverhältnisse und die Bodenbeschaffenheit boten dem Bau erhebliche Schwierigkeiten. Am 13. April 1962 wurde die steigungsreiche Strecke zwar offiziell in Betrieb genommen, aber der gesamte Zugverkehr, mit Ausnahme eines TEEM ab Fahrplanwechsel am 26. Mai 1963, lief weiterhin über Herleshausen. Erst ab 28. September 1963 fuhren dann alle Züge über die neue Umgehungsstrecke; auch die Grenzkontrolle für Reisende wurde von Wartha (Werra) nach Gerstungen verlegt (im Güterverkehr waren dort stets Kontrollen). Über Herleshausen – Wommen fuhr täglich nur noch ein Güterzugpaar, Stellwerke und Schrankenposten waren weiterhin besetzt. Ab dem 1. Oktober 1978 wurde der Betrieb „vorübergehend eingestellt", fünf Jahre später, am 1. Juli 1988, gab die DR den Streckenabschnitt an die DB zurück, die ihn glücklicherweise nicht verkaufte.

Seit 5. Juli 1965 war Gerstungen auch für den Güterverkehr nach und von West-Berlin zugelassen.

Die von Obersuhl kommenden Leerreisezüge durften ab 18. April 1966 Gerstungen nicht mehr anfahren. Die Personenzüge von Bebra endeten nun als Sperrfahrt in Obersuhl und fuhren auf dem gleichen Gleis nach Hönebach zurück. Bis zum 25. September 1967 errichtete die DB in Obersuhl (km 192,83) den

Gleisplanskizze des Bahnhofs Dankmarshausen (Stand etwa 1978), der überwiegend von Kali-Zügen der DB genutzt wurde. Das Einfahrsignal „H" befand sich nur 24 Meter hinter der Grenze. Die Bezeichnung „nach/von Vacha" dokumentiert die alte Streckenführung über Heringen – Heimboldshausen – Philippsthal nach Vacha, die 1952 zwischen Philippsthal und Vacha unterbrochen wurde.
Slg. Kuhlmann

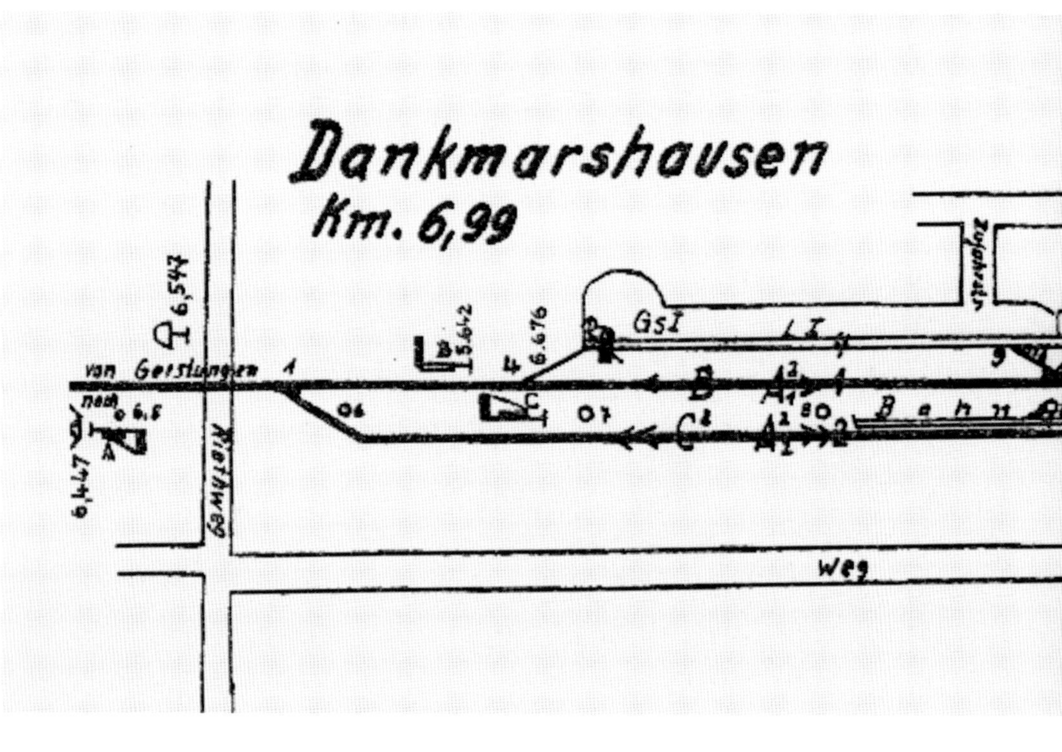

seit langem geplanten Wendebahnhof; der alte Haltepunkt (km 191,60) wurde aufgegeben.

Für die noch immer verkehrenden Transitzüge der DB von Philippsthal über Gerstungen nach Bebra traf im Herbst 1966 bei der Bundesbahn-Zentrale in Frankfurt (Main) eine Rechnung der DR ein, mit der sie rückwirkend seit 1. Oktober 1962 Gebühren für das Befahren ihrer Gleise einschließlich Verzugszinsen verlangte. Da die Summe überhöht war, Verhandlungen darüber erfolglos verliefen und keine Zahlung einging, unterband die DR ab 1. Dezember 1967 diesen Transitverkehr. Wieder einmal musste Kali über die Hersfelder Kreisbahn abgefahren werden. Nachdem sich beide Bahnverwaltungen im Sommer 1969 auf einen Pauschalbetrag geeinigt hatten, begann am 28. September 1969 wieder der Transitverkehr.

Im Verkehrsvertrag zwischen der DDR und der BRD vom 26. Mai 1972 und im Eisenbahngrenzübereinkommen zwischen DB und DR vom 25. September 1972 wurden nicht nur die Eigentumsverhältnisse der DB für den Abschnitt Herleshausen – Wommen festgeschrieben, sondern auch der Kali-Transitverkehr der DB über das Gebiet der DDR und – neu – der Lokwechsel zwischen DB und DR ab 1973 in Gerstungen statt in Bebra. Die DB stellte am 31. Dezember 1986 den Güterverkehr zwischen Philippsthal und Heimboldshausen ein; Kali-Züge begannen erst in Heringen (Werra).

Im Grenzbahnhof Wartha (Werra) bestand bis 1963 sowohl für den Reise- als auch für den Güterverkehr Richtungsbetrieb, für den entsprechende Fahrstraßen eingerichtet waren: Reisezüge wurden nur auf den Gleisen 1 und 3, Güterzüge nur auf den Gleisen 4 und 5 kontrolliert. Zwischen 1963 und 1978 war gar festgelegt, dass aus Richtung Eisenach kein weiterer Zug einfahren durfte, solange sich im Bahnhof ein Zug gleicher Richtung aufhielt, also noch keine Ausfahrt hatte. Durchfahrten wurden sicherungstechnisch unterbunden, weil erst zehn Minuten nach einer Einfahrt die Ausfahrt eingestellt werden konnte. 1978 senkte man diese Zeitspanne auf drei Minuten. Allerdings wirkte diese Sperre nicht bei Netzausfall!

Der Umbau zum Grenzbahnhof in Gerstungen wurde erst 1966/67 vollendet, als auf der Nordseite

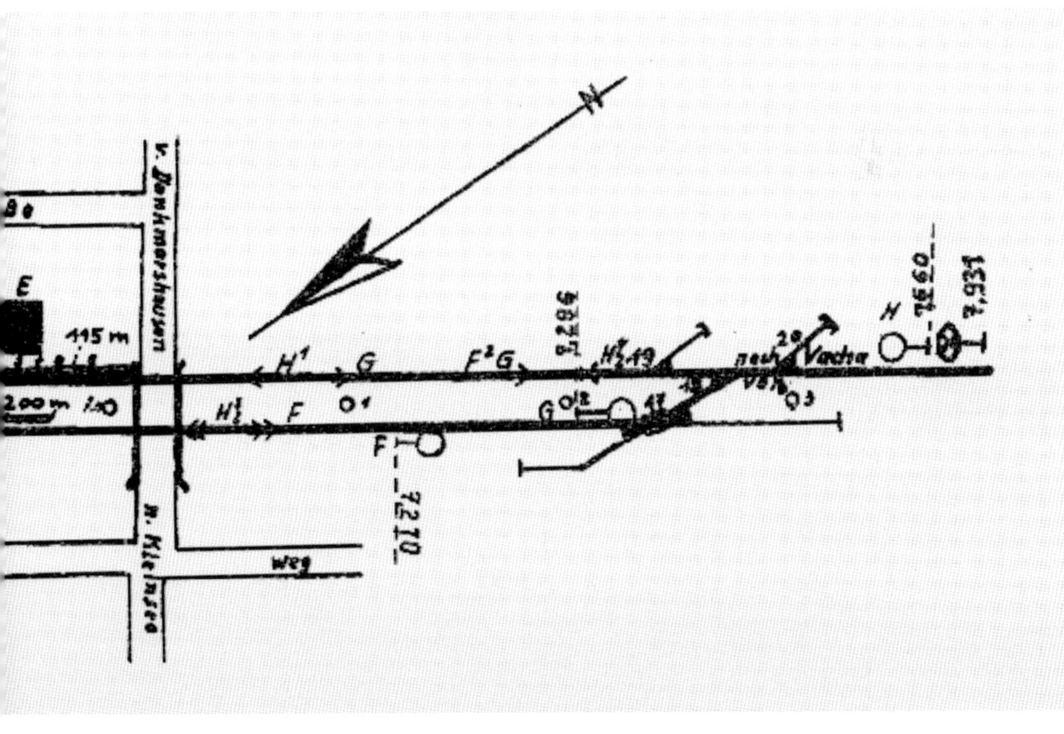

Einfahrt in den Bahnhof Wartha (Werra) aus Richtung Westen.
Foto: Ralf Roman Rossberg

Stellwerk Ww des Bahnhofs Wommen aus Richtungen Gerstungen.
Foto: Ralf Roman Rossberg

der so genannte Transit-Bahnsteig entstand. Für ihn gab es die auch auf anderen Grenzbahnhöfen üblichen besonderen Schutzweichen in Bahnhofs- und Streckengleisen in beiden Richtungen. Der Transit-Bahnsteig war mit einem 150 Meter langen „Schwarzen Tunnel“ mit dem ursprünglichen Empfangsgebäude verbunden. Die bisherigen Bahnsteige dienten nur noch dem Binnenverkehr. Prinzipiell war es ein Kopfbahnhof, denn die Gleise waren von den übrigen im Wesentlichen getrennt, sodass Fluchtversuche aussichtslos waren. Mittig zwischen Binnen- und Transit-Bahnsteigen befanden sich neben dem Lokschuppen die Güterzuggleise mit dem Ablaufberg zum Aussetzen nicht übergangsfähiger Wagen. Wegen seiner vielfältigen betrieblichen Aufgaben im Transit- und Grenzverkehr (Umspannzüge der DB zwischen Bebra und Heimboldshausen, Lokwechsel der Transitzüge, Differenzwagen von Güterzügen aus- und wieder einsetzen, Viehwagen zum Tränken und Füttern rangieren, Kühlwagen ggf. nachbeeisen usw.) waren diese Gütergleise im Gegensatz zu anderen Grenzbahnhöfen im Wesentlichen sehr freizügig benutzbar: Die Hauptgleise des Güterbahnhofs besaßen beiderseits, jeweils hinter den Signalen, Gleissperren, die wegen des vorherrschenden Rangierbetriebes nicht aufgelegt waren. Wirksam wurden sie erst für das jeweilige Gleis bei Einfahrten von Ost oder West; deshalb waren nur 40 km/h zugelassen. Fand die Ausfahrt eines Zuges statt, mussten die in den benachbarten Gleisen befindlichen Gleissperren aufgelegt sein, um ein Nachfahren zu verhindern. Im Güterbahnhof waren wegen der Vielzahl der vorhandenen Weichen, die bereits Flankenschutz boten, keine besonderen Schutzweichen vorhanden. Trotzdem gab es sie an beiden Bahnhofsköpfen, um Fluchtversuche zu verhindern. Nur in Richtung Dankmarshausen – Heimboldshausen – Philippsthal waren keine vorhanden, denn sie waren im Bf Dankmarshausen eingebaut.

Blick auf das Bahnbetriebswerk Gerstungen – hinter dem Stellwerk gelegen – im Jahre 1992. Die trennenden Zäune auf dem Bahngelände sind verschwunden.
Foto: Th. Splittgerber

Die Grenze über die Schienen bei Dankmarshausen ist wieder einmal gesperrt. Foto: Ralf Roman Rossberg

Weil für die Kali-Abfuhr der DB die Strecke über Gerstungen gesperrt ist, nutzt die DB die Strecke der Hersfelder Kreisbahn (216 103-2). Foto: Ralf Roman Rossberg

Nach der friedlichen Revolution in der DDR von 1989 zeigte die DR wieder Interesse an der kürzeren Strecke durch das Werratal von Wartha über Herleshausen nach Gerstungen, um die ungeliebte Umgehungsbahn über Dietrichsberg aufgeben zu können. Nachdem am 22. März 1990 in Frankfurt (Main) eine Vereinbarung zum Wiederaufbau durch die DR unterzeichnet wurde, begannen am 26. April 1990 die Bauarbeiten. Am 2. Juni 1991 konnte die noch eingleisige Strecke durch das Werratal eröffnet werden (ab 27. September 1992 zweigleisig). Seit 12. Mai 1995 ist die Oberleitung Neudietendorf – Gotha – Eisenach – Gerstungen – Bebra elektrisch zugeschaltet. Auf der Umgehungsbahn wurde der Betrieb am 27. September 1992 eingestellt und diese später abgebaut.

Seit 1990 unterliegt der Kali-Verkehr keinen Einschränkungen mehr: Die Züge werden ausschließlich von der DB bespannt. Die Hersfelder Kreisbahn (seit 1. Januar 1984 Kreisbahn Hersfelder Eisenbahn-Gesellschaft/HEG) stellte am 31. Dezember 1993 ihren Betrieb ein; sie ist durch die Einheit Deutschlands arbeitslos geworden. Seit Inbetriebnahme des elektronischen Stellwerkes (EStw) Eisenach am 16. Juni 1996, von dem aus die Sicherungsanlagen zwischen Mechterstädt-Sättelstädt und Gerstungen bedient werden, ist Herleshausen nur noch Haltepunkt.

Die 1952 neu erbaute Strecke Vacha – Sünna – Unterbreizbach ist am 31. August 2000 stillgelegt worden. Bereits seit dem 1. Februar 2000 sind die Kali-Werke Unterbreizbach in Thüringen und Hattorf in Hessen mit einer 3,5 Kilometer langen Werkbahn verbunden, die auf etwa 2 Kilometer die alte Trasse zwischen Vacha und Philippsthal nutzt.

DB
216 103-2

Übergänge Sonneberg (Thür) – Neustadt (b Coburg) und Probstzella – Ludwigsstadt

Sonneberg (Thür): Missverständnisse verhindern Übergang

Die eingleisige Hauptbahn Coburg – Sonneberg (Thür) mit dem 4,3 Kilometer langen Abschnitt von Neustadt (b Coburg) bis Sonneberg wurde am 2. November 1858 eröffnet. Sie hatte überwiegend regionale Bedeutung im Güterverkehr, diente aber auch dem Fernpersonenverkehr.

Durch Kriegshandlungen bzw. Luftangriffe wurden am 7. bzw. 10. April 1945 die Bahnanlagen in Neustadt (b Coburg) und Sonneberg (Thür) beschädigt. Dennoch war am 10. Mai 1945 die Strecke Coburg – Sonneberg (Thür) – Lauscha (Thür) wieder befahrbar. Nach vier Tagen rollte der erste Zug von Hof-Steinach über Neustadt (b Coburg) - Sonneberg (Thür) nach Stockheim (Oberfr), um aus dem dortigen Bergwerk Kohle abzuholen. Nunmehr fuhren regelmäßig Bedarfs-Kohlezüge von Stockheim (Oberfr) über Sonneberg (Thür) nach Neustadt (b Coburg) sowie von hier ein Milchzug nach Lauscha (Thür). Als am 3. Juli 1945 sowjetische Truppen Thüringen besetzten, wurde jeder Zugverkehr über die Demarkationslinie unterbunden.

Beide Bahnverwaltungen vereinbarten am 12. August 1947 in Bielefeld, ab 1. September 1947 täglich bis zu zwei Güterzugpaare zwischen Coburg und Sonneberg (Thür) verkehren zu lassen. Doch die Praxis sah anders aus: Aus Sonneberg (Thür) brachte dreimal in der Woche eine Lok mit Personal leere Wagen nach Neustadt (b Coburg), die im Gaswerk mit Koks beladen wurden und nach Sonneberg (Thür) zurückkehrten. Am 12. November 1947 wurden bei den westlichen Alliierten nicht nur die beiden Güterzug-Paare beantragt, sondern es sollte auch Personenverkehr zugelassen werden. Durch Missverständnisse und ungenaue Ortskenntnis blieb die Genehmigung aus. Mit der Berliner Blockade wurde am 19. Juni 1948 jeder Zugverkehr unterbunden.

Danach vereinbarte man für den 11. Mai 1949 den gleichen Zugverkehr, wie er am 1. März 1948 bestanden hatte. Zusätzlich wollten beide Seiten den Personenverkehr aufnehmen. Darüber sollte am 23. und 24. August 1949 in Klein-Machnow verhandelt werden, offenbar erfolglos, da sich im Protokoll kein Hinweis befindet. Zwar fuhren weiterhin Güterzüge, aber am 30. September 1951 rollte der letzte Zug über die Grenze.

Die DB nutzte einen Teil der Strecke als Ausziehgleis, der Rest wurde später abgebaut und das Gelände an die Forstverwaltung verkauft. Als 1990 hier ein Lückenschluss bevorstand, kaufte die DB die Bahntrasse zurück. Zum 28. September 1991 konnte nicht nur die eingleisige Strecke von Neustadt (b Coburg), sondern zugleich der elektrische Betrieb eröffnet werden (die Oberleitung wurde am 18. September 1991 unter Spannung gesetzt).

Zwischen Neustadt (b Coburg) und Sonneberg (Thür) lag 1962 noch das Gleis, doch kein Zug fuhr mehr. Foto: Ralf Roman Rossberg

Probstzella: Elektrisch über die Grenze

Der 7,0 Kilometer lange Abschnitt Probstzella – Ludwigsstadt ist Teil der am 1. Oktober 1885 in Betrieb genommenen Strecke von Eichicht (Saale) [heute Kaulsdorf (Saale)] bis Ludwigsstadt. Als bedeutende Nord-Süd-Verbindung zwischen Mitteldeutschland und Bayern, insbesondere zwischen Berlin und München, wurde sie vor dem Zweiten Weltkrieg elektrifiziert; am 13. Mai 1939 fand die Eröffnungsfahrt zwischen Nürnberg und Saalfeld (Saale) statt. Seit 1. Dezember 1885 zweigte im Bf Ludwigsstadt die 7,6 Kilometer lange eingleisige Nebenbahn nach Lehesten in Thüringen ab, auf der der in den dortigen Schieferbrüchen gewonnene Schiefer abgefahren wurde; gleichfalls bestand starker Berufsverkehr.

Der Bahnhof Saalfeld (Saale) wurde am 9. April 1945 durch schwere Bombenangriffe stark zerstört. Im Süden kam am 13. April 1945 der Zugbetrieb durch die Kampfhandlungen zwischen Hochstadt-Marktzeuln und Probstzella zum Erliegen. Mit der Besetzung Thüringens durch die amerikanische Armee ging man daran, die zerstörten Anlagen zu reparieren, auch sollte der elektrische Betrieb wieder aufgenommen werden. Die Rbd Erfurt – Thüringen war seit 3. Juli 1945 von der Sowjetarmee besetzt – erteilte am 20. Juli 1945 dazu den Auftrag. Abschnittsweise konnte vom 26. November 1945 bis 1. Februar 1946, nachdem am 19. Oktober 1945 das Uw Rothenstein wieder in Betrieb war, der elektrische Zugverkehr zwischen Jena Saalbf und Probstzella mit Ausnahme des schwer zerstörten Bahnhofs Saalfeld (Saale) aufgenommen werden, am 9. März 1946 auch auf Bf Saalfeld (Saale). Von Nürnberg her waren bereits im November 1945 die Oberleitung und die Bahnstromversorgung bis Probstzella hergestellt worden; unbekannt ist, ob wirklich bis Probstzella mit elektrischen Lokomotiven gefahren wurde.

Am 25. März 1946, 0.00 Uhr, ordnete die SMAD an, im Bezirk der Rbd Erfurt den elektrischen Zugbetrieb einzustellen, am 29. März 1946 galt Gleiches für die Rbd Halle (Saale). Obwohl nur die Oberleitungen abgebaut werden sollten, befahl die SMAD am 4. April 1946, auch alle Ober- und Fernleitungsmaste zu demontieren. Vom 25. März bis 10. Juli 1946 wurden die Fahrleitungsanlagen zwischen Weißenfels und Probstzella abgebaut und bis zum 14. September 1946 als Reparationen in die Sowjetunion abgefahren.

Nicht nur die Oberleitung fehlte, seit 3. Juni 1947 auch das zweite Gleis auf der steigungsreichen Strecke nach Ludwigsstadt. Im Frühjahr 1947 fuhren über den neuen Übergang nur einige Reisezüge zur und von der Leipziger Messe. Am 17. und 19. Juni

Am Haltepunkt an der 1962 erbauten Verbindungskurve in Probstzella zwischen den Strecken nach Saalfeld (Saale) und nach Lauscha (Thür) hält heute kein Zug mehr, das Gleis ist abgebaut. Foto: Th. Splittgerber

Übergang Probstzella – Ludwigsstadt – Lehesten

1947 verkehrten erstmals zwei Güterzüge von Probstzella über Ludwigsstadt nach Lehesten. Es waren zunächst nur Bedarfsfahrpläne, erst später verkehrte ein Zugpaar regelmäßig, das andere nach Bedarf. Obwohl Personenverkehr nach Lehesten nicht vereinbart war, hatte die amerikanische Militärregierung keine Einwände gegen die Mitfahrt von Beschäftigten der Schieferbrüche (noch bis 1961 waren in den thüringischen Schieferbrüchen bis zu 200 Arbeiter aus dem Landkreis Kronach beschäftigt!). Am 16. September 1947 begann der planmäßige Verkehr von drei Zugpaaren für Kohle aus dem Meuselwitzer Revier nach der Schweiz. Bald darauf fuhr zusätzlich ein Zugpaar mit Fleischkühlwagen nach Berlin. Bisher beförderten die Dampflokomotiven der DR die Züge bis Ludwigsstadt, wegen der Steigung mit nur geringer Anhängelast und wegen der Feuerung mit Braunkohle auch mit Waldbränden. Wegen des ein-

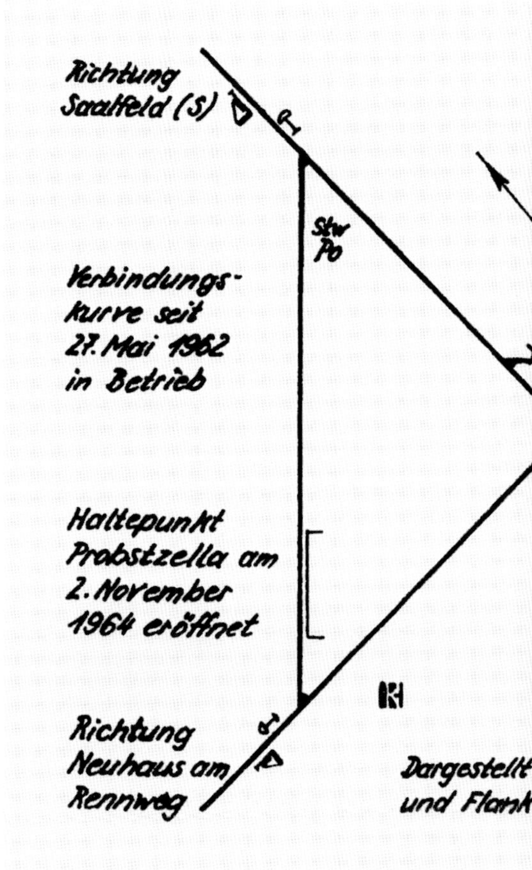

Unten: Das Bahnbetriebswerk Probstzella im Jahre 1992 war eine Hochburg der Diesellokomotiven der Baureihe 219. Foto: Th. Splittgerber

Unten rechts: Auch 1992 steht auf dem Bahnsteig von Probstzella noch der Welten trennende Zaun von einst ... Rechts im Hintergrund die 95 027. Foto: Th. Splittgerber

Gleisplanskizze des Bahnhofs Probstzella (Stand September 1977) mit allen Hauptgleisen und Signalen. Probstzella hatte dreifache Kilometrierung: km 164,990 nach Zeitz, km 0,000 nach Neuhaus am Rennweg und km 52,620 nach Lichtenfels. Die ehemalige Grenze war bei km 166,665 bzw. km 52,945. Zeichnung: Kuhlmann

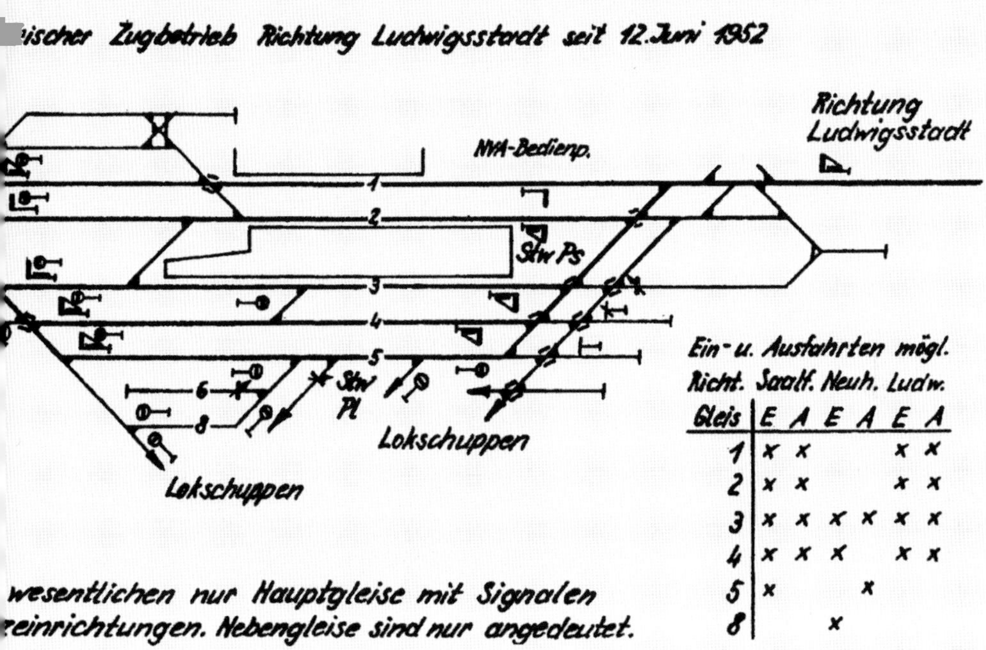

gleisigen Betriebes und fehlender Kreuzungsmöglichkeit konnten nicht mehr Züge verkehren.

Bereits auf Besprechungen beider Bahnen 1947 in Berlin und Bielefeld sondierte man die Möglichkeit, die Oberleitung wieder bis nach Probstzella aufzubauen. Durch die Währungsreform und die anschließende Berliner Blockade verzögerte sich das.

Als am 12. Mai 1949 der Zugverkehr wieder aufgenommen wurde, kontrollierten die Sowjets die Güterzüge auf freier Strecke kurz vor der Zonengrenze, sodass die Durchlassfähigkeit der Strecke weiter eingeschränkt wurde. Aus Richtung Süden hatte man ab dem 17. August 1949 zuerst dreimal wöchentlich, dann täglich ein Eilzugpaar, ab 28. August 1949 zwei weitere Eiltriebwagen bis zur Zonengrenze bei Falkenstein geführt, weil nach Übergang zu Fuß in Probstzella Zuganschluss nach Berlin bestand.

Erst mit dem Offenbacher Abkommen vom 3. September 1949 wurden die Elektrifizierung (Material stellte der Westen, Montage und Kosten übernahm der Osten) sowie Interzonen-Reisezüge über diesen Übergang vereinbart. Ab 10./11. Dezember 1949 verkehrte das FD-Paar München – Ludwigsstadt – Probstzella – Leipzig – Berlin. Am 10. Januar 1950 hätte die Oberleitung zugeschaltet werden können, doch dauerte es noch bis zum 12. Juni 1950, bis ein mit einer elektrischen Lokomotive bespannter Güterzug in Probstzella eintraf. Seitdem war das der einzige elektrisch betriebene Grenzstreckenabschnitt zwischen DB und DR, und Lokwechsel und Kontrollen fanden nun in Probstzella statt.

Unerwartet stellte die DR am 12. Juli 1951 ihren Zugbetrieb zwischen Probstzella und Lehesten ein, weil angeblich illegal Flüchtlingsgut aus der DDR in die BRD transportiert worden sei. Bis 28. Mai 1952 ließ die DR die Bahnanlagen auf ihrem Streckenteil abbauen. Wegen des von der DB in km 2,8 zu bedienenden Anschlussgleises zum Hartsteinwerk Ludwigsstadt wurde am 20. Januar 1949 hier eine unbesetzte Deckungsstelle eingerichtet, um während der Güterzugfahrten den Anschluss bedienen

Gleisbauarbeiten an der Grenze bei Falkenstein mit den notwendigen Bewachern.
Foto: Ralf Roman Rossberg

zu können; das Freimelden des Gleises und die Erlaubnis zur Fahrt wurden telefonisch eingeholt.

Mit den Sperrmaßnahmen vom 13. August 1961 galt es, in Probstzella den immer noch bestehenden Umsteigeverkehr aus den Richtungen Saalfeld (Saale) und Lauscha (Thür) zu unterbinden. Deshalb verband die DR am 27. Mai 1962 beide Strecken nördlich des Bahnhofs Probstzella mit einer 347 Meter langen Verbindungskurve und errichtete bis 2. November 1964 einen neuen Haltepunkt (heute abgebaut). Die Binnenverkehrspersonenzüge berührten nun nicht mehr den Grenzbahnhof, die DDR-Bürger wurden von ihm ferngehalten, und die Fahrzeiten verkürzten sich durch den Wegfall des Umspannhaltes. Der Lokwechsel in Richtung „Staatsgrenze West" war so organisiert, dass die aus dem Bw-Gelände kommende DB-Lokomotive sich im Streckengleis als „Schutz gegen ungenehmigte Durchfahrten" aufstellen musste, während die DR-Lokomotive dann in einer Sägefahrt zum Bw umsetzte. Besondere Schutzweichen gab es nur im Streckengleis, sonst genügten die vorhandenen Flankenschutzweichen.

Die Eil- und Personenzüge bis zum Haltepunkt „Falkenstein Zonengrenze" fuhren bis zum 29. Mai 1965, obwohl der Straßenübergang schon am 1. Oktober 1951 geschlossen worden war.

Auch nach 1989 konnte der Zugverkehr wegen der Eingleisigkeit nicht wesentlich verdichtet werden, doch durften nach der Währungs- und Wirtschaftsunion ab 1. Juli 1990 alle ehemaligen Transitzüge auch im Binnenverkehr (mit zusätzlichen Halten) benutzt werden. Nahverkehrszüge aus Richtung Ludwigsstadt waren bis und ab Probstzella verlängert worden. Neu waren ab Mai 1990 InterRegios zwischen Nürnberg und Leipzig.

Innerhalb des Lückenschlussprogrammes zwischen DR und DB wurde die Strecke Camburg (Saale) – Jena – Saalfeld (Saale) – Probstzella bis Mai 1995 zweigleisig ausgebaut und elektrifiziert (ab 16. Mai 1995 zugeschaltet). Am 30./31. August 1997 wurde in Saalfeld (Saale) ein elektronisches Stellwerk in Betrieb genommen, von dem aus die Sicherungsanlagen von Probstzella bis Saalfeld (ausschl.) bedient wurden; seit 18./20. Mai 2001 ist auch der Bf Saalfeld (Saale) angeschlossen, die Anlagen werden jetzt von der Betriebszentrale (BZ) Leipzig aus bedient. Der zweigleisige Ausbau von Probstzella bis Ludwigsstadt zog sich bis 1997 hin.

Nach der Grenzöffnung hält im Bahnhof Probstzella ein Eilzug nach Saalfeld (Saale). Foto: Ralf Roman Rossberg

Gutenfürst: Zweigleisige Nord-Süd-Verbindung

Der 7,3 Kilometer lange Abschnitt Feilitzsch – Gutenfürst ist Teil der Sachsen und Bayern verbindenden Bahn, die am 20. November 1848 eröffnet wurde. In Hof (Saale) bestand der Hauptbahnhof aus einem sächsischen und einem bayerischen Teil, doch ist das heute nicht mehr eindeutig erkennbar. Über diese Nord-Süd-Verbindung bestand starker Reise- und Güterverkehr.

Der Saale-Viadukt bei Unterkotzau nördlich von Hof wurde am 11. April 1945 bei einem Luftangriff stark zerstört, der Hofer Hauptbahnhof am 8. April 1945 verwüstet. Am 14. April 1945 verließ der letzte Zug den notdürftig reparierten Bahnhof in Richtung Süden. Pioniere der US-Armee setzten den Saale-Viadukt behelfsmäßig instand, die Brücke blieb danach aber eingleisig. Die Strecke brauchte man jedoch, um amerikanische Truppen aus Thüringen nach Bayern zu überführen, aber auch Flüchtlings- und Heimkehrertransporte wurden durchgeschleust.

Zu regelmäßigem Güterverkehr kam es erst ab 20. Dezember 1945, als der erste Kohlezug in Hof eintraf. Die Züge waren von der westlichen Reichsbahn bereits im 34,5 Kilometer von der neuen Grenze entfernten Bf Mehlteuer zu übernehmen, weil in Gutenfürst kein Überholungsgleis zur Verfügung stand. Dabei musste ein Leerwagenzug mit gleicher Zahl übergeben werden, der dann in der Rbd Halle (Saale) mit Braunkohle beladen wurde.

Auch bescheidener Personenverkehr bestand bereits Anfang 1946 mit einem zwischen Hof und Gutenfürst verkehrenden Postzug, den ab Feilitzsch, nach der US-Kontrolle, auch Zivilpersonen nutzen durften. In Gutenfürst gab es Anschlüsse nach weiteren Orten Sachsens. Zweimal wöchentlich verkehrten Flüchtlingszüge. Ende 1947 stoppte die sowjetische Kontrolle jeden Zugverkehr, auch Kohlezüge durften nicht mehr passieren, doch kurz darauf bestanden wieder die alten Verhältnisse. Im Mai 1948 verschärfte man die Kontrollen wieder, bis am 11. Juni 1948 der Übergang für Reisende geschlossen wurde. Nur noch Kohlezüge und Heimkehrertransporte ließen die Sowjets über die Demarkationslinie. Am 21. August 1948 wurden die Blockleitungen zwischen Gutenfürst und Feilitzsch unterbrochen, sodass die Blockstellen Unterhartmannsreut und Landesgrenze

Vom Stellwerk B 2 bietet sich dieses Bild auf den Bahnhof Gutenfürst. Nur die vielen Wachtürme verraten den Charakter als Grenzbahnhof. Repro: BStU-Kopie MfS HA VI 10076

Übergang Gutenfürst – Hof (Saale)

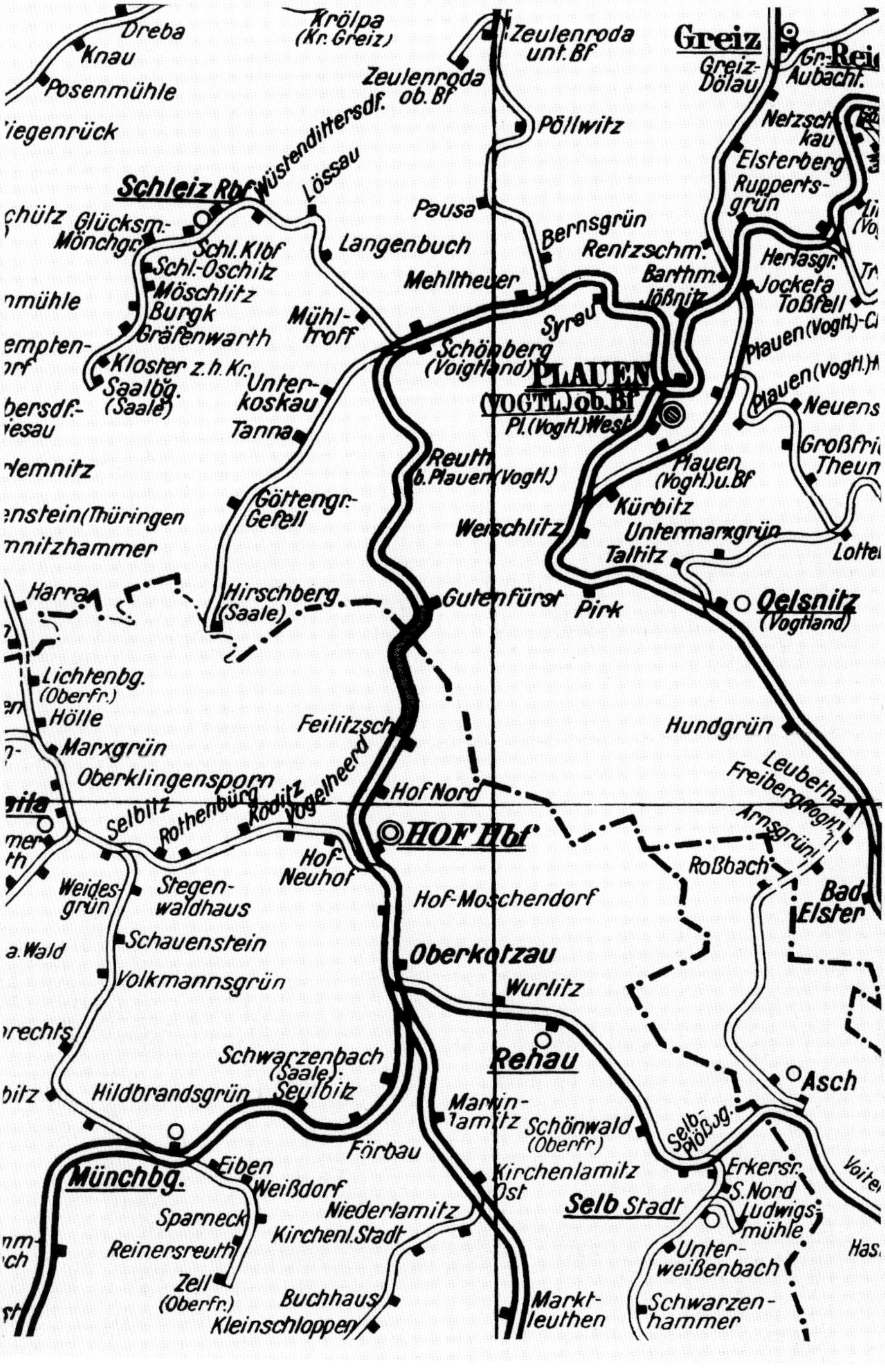

Von beiden Seiten eingemauert waren die Bahnsteige des Bahnhofs Gutenfürst, hier nach dem Öffnen der Grenze mit einem Schnellzug nach Nürnberg mit der 218 232-7. Foto: Ralf Roman Rossberg

Der Grenzbahnhof Gutenfürst zu DDR-Zeiten. Die Beobachtungsbrücke diente nur der Kontrolle des von den Flutlichtmasten hell erleuchteten Grenzbereiches. Foto: Ralf Roman Rossberg

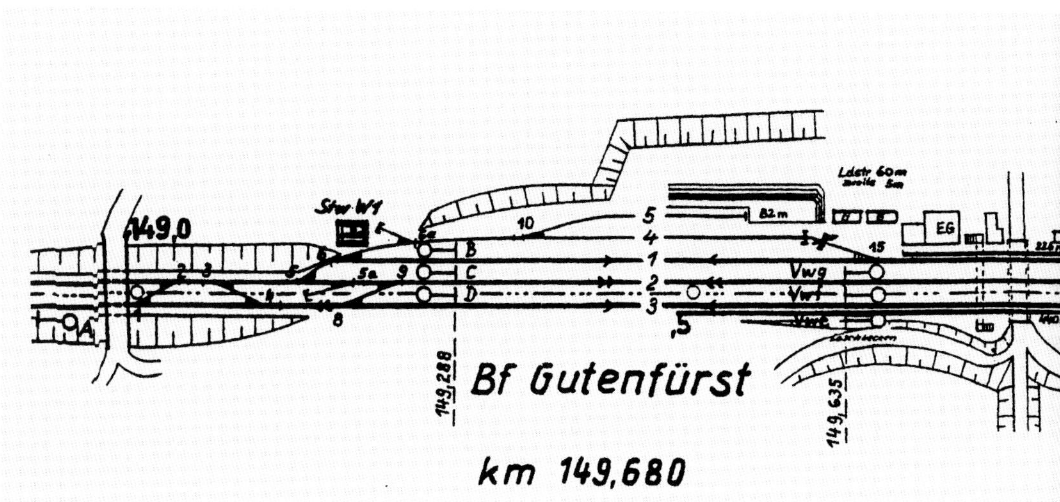

am 6. Dezember 1948 aufgehoben werden mussten; über den Zugverkehr konnte man sich nur telefonisch verständigen.

Nach der Berliner Blockade lief am 12. Mai 1949 der Zugverkehr in gewohnter Weise wieder an, bis am 18. Mai 1952 die DR mitteilte, dass am folgenden Tag der Reiseverkehr gesperrt werde. Am 14. Juli 1954 begann der bisher nur geduldete Interzonenverkehr offiziell mit zwei Reisezugpaaren. Auf der Fahrplankonferenz vom 10. bis 12. Juni 1954 in Berlin hatten DR und DB den Lokwechsel in Hof (Saale) vereinbart. Vom 13. Juni 1955 bis zum 29. August 1957 bestand im Sommer an zwei Wochentagen eine über Hof – Gutenfürst verkehrende Triebwagen-Verbindung der DR als „Saßnitz-Express" (vom 1. Juni bis 31. August 1958 als lokbespannter Zug), der ohne Halt durch die DDR fuhr und nur für den Transitverkehr nach Schweden gedacht war.

Der Grenzbahnhof Gutenfürst ist sehr beengt und liegt mit seinen drei Hauptgleisen im Bogen. Wegen der nach Süden anschließenden Dammlage mussten daher die besonderen Schutzweichen im Streckengleis bis auf Höhe des Einfahrsignales vorgezogen werden; für die Gegenrichtung befanden sie sich im Bahnhofsbereich. Besondere Schutzweichen gegen ungenehmigte Durchfahrten gab es nur eine im Norden; mit dem zweigleisigen Ausbau nach Reuth (b Plauen/Vogtl) wäre eine weitere erforderlich gewesen.

Seit 5. Juli 1965 waren auch für West-Berlin bestimmte Güterzüge über Gutenfürst zugelassen. Reiseverkehr nach und von West-Berlin konnte erst mit dem Transitabkommen 1972 mit der DDR vereinbart werden: Ab 1. Oktober 1972 gab es einen neuen „Saßnitz-Express" auf dieser Strecke, allerdings nur bis 3. Juli 1973.

Am 1. Oktober 1989, um 6.14 Uhr, traf auf dem Bf Hof (Saale) umjubelt der erste aus Gutenfürst kommende Zug mit DDR-Flüchtlingen aus der BRD-Botschaft aus Prag ein, weitere sechs folgten. Am 4. November 1989 fuhren noch einmal neun Züge von Prag, die aber über den Grenzübergang Cheb – Schirnding in die BRD geleitet wurden, um neue Tumulte in der DDR zu vermeiden, deren Ende damit vorprogrammiert war [15].

Geplant zu dieser Zeit war von der DR bereits der zweigleisige Ausbau der Strecke Plauen (Vogtl) ob Bf – Gutenfürst; am 27. Mai 1990 konnte von Reuth (b Plauen/Vogtl) bis Gutenfürst das zweite Gleis in Betrieb genommen werden. Seit dem 30. September 1990 halten Fernzüge nicht mehr in Gutenfürst.

Der „Saßnitz-Express" Berlin – München fährt mit der 118 296-3 in den Bahnhof Hof (Saale) ein. Foto: Ralf Roman Rossberg

Gleisplanskizze des im Bogen liegenden Grenzbahnhofs Gutenfürst, Zustand vom 27.Mai 1990, als das zweite Gleis zwischen Reuth (b Plauen/Vogtl) und Gutenfürst in Betrieb genommen wurde. Die Grenze befand sich in km 151,700. Auffällig sind die beiden im Ausfahrgleis bis über Höhe des Einfahrsignals vorgezogenen besonderen Schutzweichen. Zeichnung: Slg. Kuhlmann

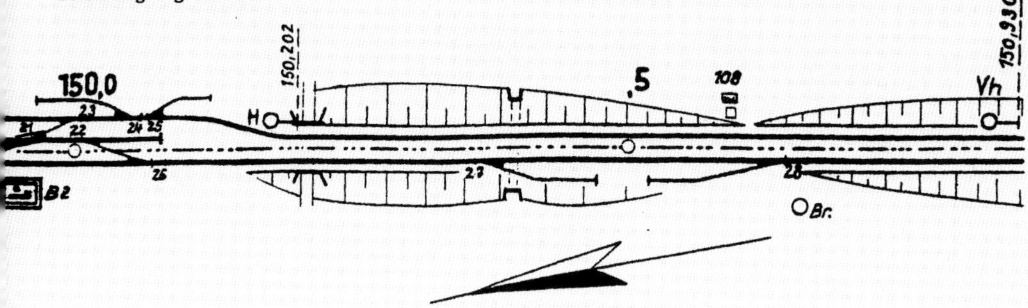

Blick von der westlichen Hallenschürze des Bahnhofs Berlin Friedrichstraße in Richtung Lehrter Stadtbahnhof mit ausfahrendem S-Bahn-Zug.
Foto: Slg. Kuhlmann

Die „internen" Grenzbahnhöfe der DR

Trotz der Aufteilung Berlins nach Kriegsende in eine Vier-Sektoren-Stadt war die einstige Reichshauptstadt immer noch ein einheitlicher Verkehrsknoten, der keine Grenzen kannte. Erst nach der Währungsreform von 1948 wechselten ab dem 20. März 1949 an der Sektorengrenze die Personale von Bussen und Straßenbahnen der Berliner Verkehrs-Betriebe (BVG).

Auf Abgrenzung war gerade die inzwischen gegründete DDR bedacht: Bereits am 1. August 1949 bildete sich im Osten eine eigene BVG-Verwaltung. Am 27. Mai 1952 wurden wegen angeblicher technischer Schwierigkeiten die innerstädtischen Telefonverbindungen vom Osten aus gekappt. Ab 1. Juni 1952 durften Einwohner West-Berlins nicht mehr in die DDR reisen. An der Stadtgrenze Berlins bestanden bereits seit Mai 1950 (nach dem DDR-Zollgesetz vom 1. Mai 1950 und nach dem „Gesetz zum Schutze des innerdeutschen Handels" vom 4. Februar 1952) an Straßen und auf Bahnhöfen rund um Berlin Kontrollpassierpunkte (KPP), auf denen das Amt für Zoll und Kontrolle des Warenverkehrs (AZKW), die Volks- bzw. Transportpolizei (Vopo bzw. Trapo) und die Grenzpolizei Güter, Frachtpapiere sowie Reisende und auch Eisenbahner überprüfte. Nach dem Einreiseverbot mussten selbst Triebwagenführer der S-Bahn aus West-Berlin an der Stadtgrenze den Dienst an Ost-Eisenbahner übergeben.

Ab 16. Januar 1953 durften Busse und Straßenbahnen vom Osten aus nicht mehr über die Sektorengrenze fahren. Ab März 1953 hielten, begannen und endeten alle Reise- und Vorortzüge des DDR-Binnenverkehrs auf Bahnhöfen außerhalb der Westsektoren. Selbst das Fahren über West-Berliner Gebiet ohne Halt war untersagt (z. B. über den Güteraußenring bei Lichtenrade). 1953 und 1954 gab die Verwaltung der S-Bahn der Rbd Berlin Sonderzugfahrpläne „D" (für den „demokratischen" Sektor und die DDR) sowie „W" (für West-Berlin) heraus, ohne eine Gültigkeit zu nennen; sie sahen zwei getrennte S-Bahn-Netze vor und entsprachen in den Zugläufen der Situation im Juni/Juli 1953.

Am 18. April 1958 erließ das Ministerium des Innern der DDR eine „Anordnung über die Benutzung der Züge des Berufsschnellverkehrs auf dem Berliner Außenring durch Mitarbeiter des Staatsapparates". Danach mussten ab 5. Mai 1958 – die seit 17. Mai 1953 verkehrenden so genannten „Durchläufer" der S-Bahn, die früh und nachmittags ohne Halt durch West-Berlin fuhren, entfielen zum gleichen Zeitpunkt – alle Mitarbeiter einer staatlichen Dienststelle des Magistrats von Groß-Berlin (gemeint war Ost-Berlin) und der Dienststellen der Stadtbezirke diese um Berlin herumfahrenden Züge nutzen. Viele Großbetriebe, selbst die DR, verlangten von ihren Mitarbeitern „freiwillige" schriftliche Erklärungen, künftig West-Berlin zu umfahren [33].

Parallel zu diesen politischen „Sticheleien" baute die DR den Berliner Außenring (BAR) rund um Berlin, legte zugleich Reisezugbahnhöfe in West-Berlin nach und nach still, komplettierte das S-Bahn-Netz in der Art, dass einmal zwei in Ost und West getrennte S-Bahn-Netze betrieben werden konnten, errichtete ihre neue Fernmelde-Zentrale (Basa) in Ost-Berlin und führte Kabel nicht mehr über West-Berliner Gebiet [34].

Lediglich U- und S-Bahn fuhren weiterhin uneingeschränkt durch die Vier-Sektoren-Stadt. Jeder, der dem beschwerlichen Leben oder den politischen Repressalien in der DDR entfliehen wollte, konnte mit einer einfachen S-Bahn-Fahrkarte für 20 Pfennig nach West-Berlin fahren, jedenfalls bis zum Abend des 12. August 1961, bis in der Nacht die Mauer um Berlin errichtet wurde. Jetzt erst entstanden aus vorhandenen Bahnhöfe in Berlin und im Umland die eingemauerten Hochsicherheitstrakte, Grenzbahnhöfe genannt.

Berlin Friedrichstraße: Bahnhof zweier Welten

Die viergleisige Berliner Stadtbahn zwischen Berlin Ostbahnhof (früher Schlesischer Bahnhof) und Berlin-Charlottenburg wurde auf Viadukten, z. T. auf dem zugeschütteten Königsgraben, angelegt und am 7. Februar 1882 für den Vorortverkehr, am 15. Mai 1882 für den Fernverkehr eröffnet. Von 1914 bis 1926 baute man an die vorhandene Bahnhofshalle nördlich eine zweite für zwei (S-Bahn-)Gleise an. Ab dem 11. Juni 1928 fuhr die S-Bahn im vollelektrischen Betrieb über die Stadtbahn [34].

1952 rüstete man die beiden Bahnsteiggleise 1 und 2 und im folgenden Jahr die Gleise 3 und 4 mit Stromschienen aus, obwohl an beiden Bahnsteigen nur Fern- und keine S-Bahn-Züge hielten. Der Argwohn nahm nicht zu, als ab 25. Februar 1953 „wegen besserer Kontrollmöglichkeiten“ S-Bahn-Züge aus Richtung Westen nur noch auf den Gleisen 3 und 4 fuhren, in Gegenrichtung aber auf den (bisherigen S-Bahn-) Gleisen 5 und 6. Damit entstanden wesentliche Voraussetzungen, im Bf Berlin Friedrichstraße später zwei getrennte S-Bahn-Netze betreiben oder mit Kontrollen verbinden zu können [4].

Auch vor dem Mauerbau rollten alle internationalen und Interzonenzüge in Ost-West-Richtung über die Stadtbahn; gewöhnlich waren Interzonenzüge für den Binnenverkehr gesperrt. Zu- und Aussteigen im Ostbahnhof bei in Berlin beginnenden bzw. endenden Zügen war möglich. Selbst für den Binnenreiseverkehr der DDR endeten und begannen Schnellzüge in Berlin Friedrichstraße, besonders einige der erst am 2. Oktober 1960 eingeführten Städteschnellverkehre: z. B. D 1130 früh nach Dresden, D 1142 nachmittags nach Chemnitz (damals Karl-Marx-Stadt) oder D 1161 früh von Erfurt – Halle (Saale). D 1170 begann z. B. im Sommer 1961 in Berlin Friedrichstraße, fuhr aber über den Ostbahnhof und den BAR nach Magdeburg Hbf einen Umweg. Selbst Züge des Berufsschnellverkehrs für das Berliner Umland (nach dem 13. August 1961 wegen ihrer Umkreisung Berlins teilweise als „Sputnik“ bezeichnet) aus und in Richtung Werder (Havel) und Falkensee über den BAR endeten und begannen hier. Selbst die Leerzüge durften nicht über West-Berlin fahren, sodass bei diesen in Berlin Friedrichstraße endenden und beginnenden Zügen die Lok umgesetzt werden musste.

Mit dem 13. August 1961 wurde der Bahnhof im Stadtzentrum zur perfekt gesicherten Nahtstelle im deutsch-deutschen Eisenbahnverkehr. Die eigentliche „Staatsgrenze West“ war in km 5,3 der Stadtbahn, am westlichen Widerlager der Brücke über den Humboldthafen unmittelbar am damaligen Lehrter Stadtbahnhof. Das waren vom Bahnhof Berlin Friedrichstraße noch rund 1.500 Meter. Vielen Fluchtwilligen wurde die Unkenntnis der genauen Situation zum Verhängnis, denn im betrieblichen Westteil des Bahnhofs zu sein, bedeutete nicht gleichzeitig, in West-Berlin zu sein. U. a. wurde mehrmals versucht, die in der Bahnhofshalle zwischen den Gleisen 5 (S-Bahn im Osten) und 4 (S-Bahn im Westen) errichtete drei Meter hohe Drahtglaswand zu zerstören, jedoch vergeblich. Mitte 1982 wurde deshalb die hallenhohe Stahlwand eingezogen.

War der Bahnhof zuerst lediglich durch Posten getrennt und gesichert, so verhinderten bald zwischen und in den Gleisen ausgelegter Stacheldraht bzw. Stachelgitter, übermannshohe Sichtblenden so-

Lageplanskizze der Grenzübergangsstelle Bahnhof Berlin Friedrichstraße. Dargestellt sind außer den Bahnanlagen alle Signale und die Stromschienen-Speiseabschnitte der S-Bahn. Die Grenze war allerdings rund 1.500 Meter vom Bahnhof entfernt, was viele Fluchtwillige nicht wussten. Slg. Kuhlmann

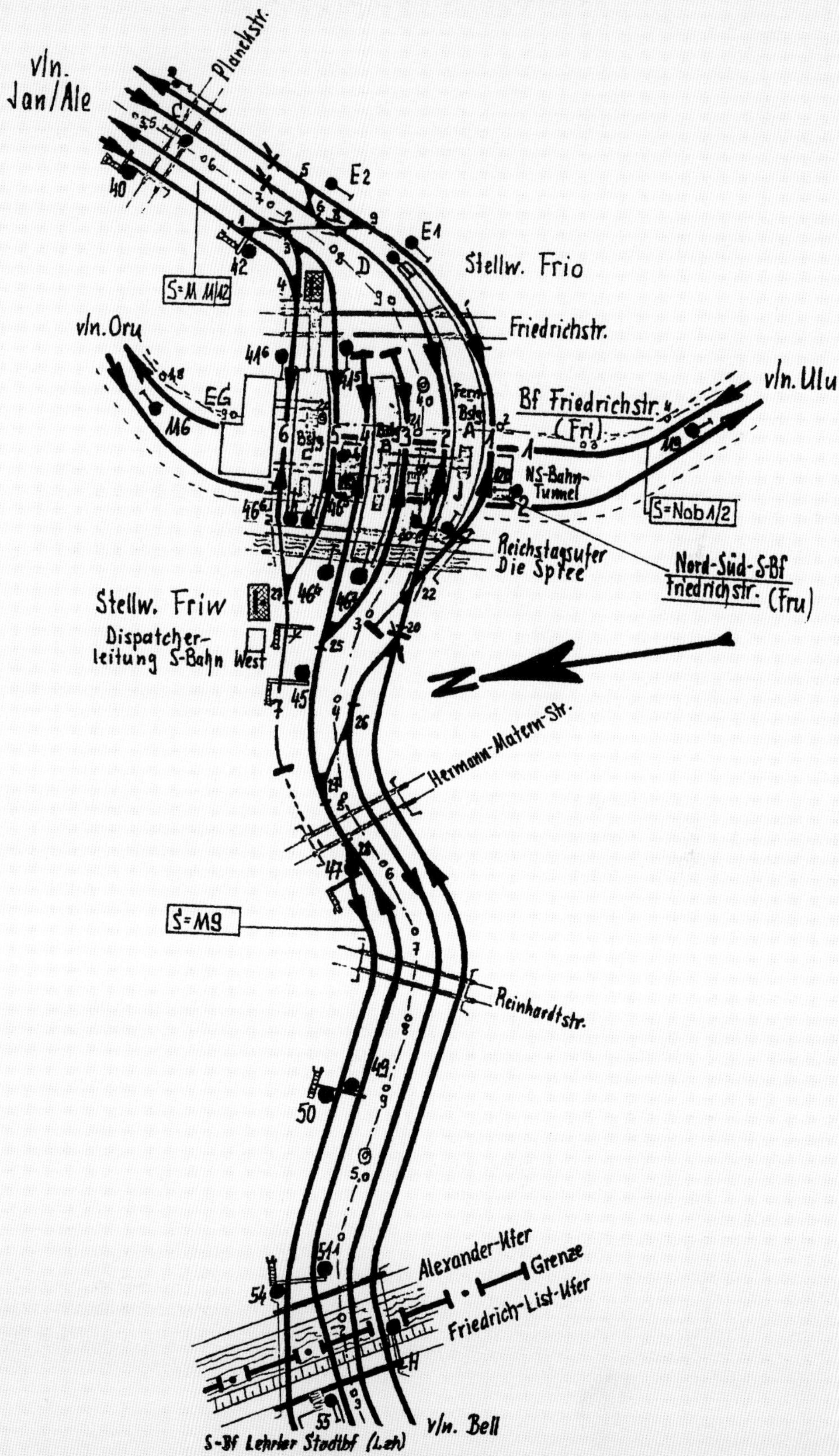

v/n. Jan/Ale
Planckstr.
E2
E1
Stellw. Frio
S=M 11/12
v/n. Oru
Friedrichstr.
EG
Bf Friedrichstr.
(Fri)
v/n. Ulu
NS-Bahn-Tunnel
S=Nob 1/2
Reichstagsufer
Die Spree
Nord-Süd-S-Bf
Friedrichstr. (Fru)
Stellw. Friw
Dispatcherleitung S-Bahn West
Hermann-Matern-Str.
S=M9
Reinhardtstr.
Alexander-Ufer
Grenze
Friedrich-List-Ufer
v/n. Bell
S-Bf Lehrter Stadtbf (Leh)

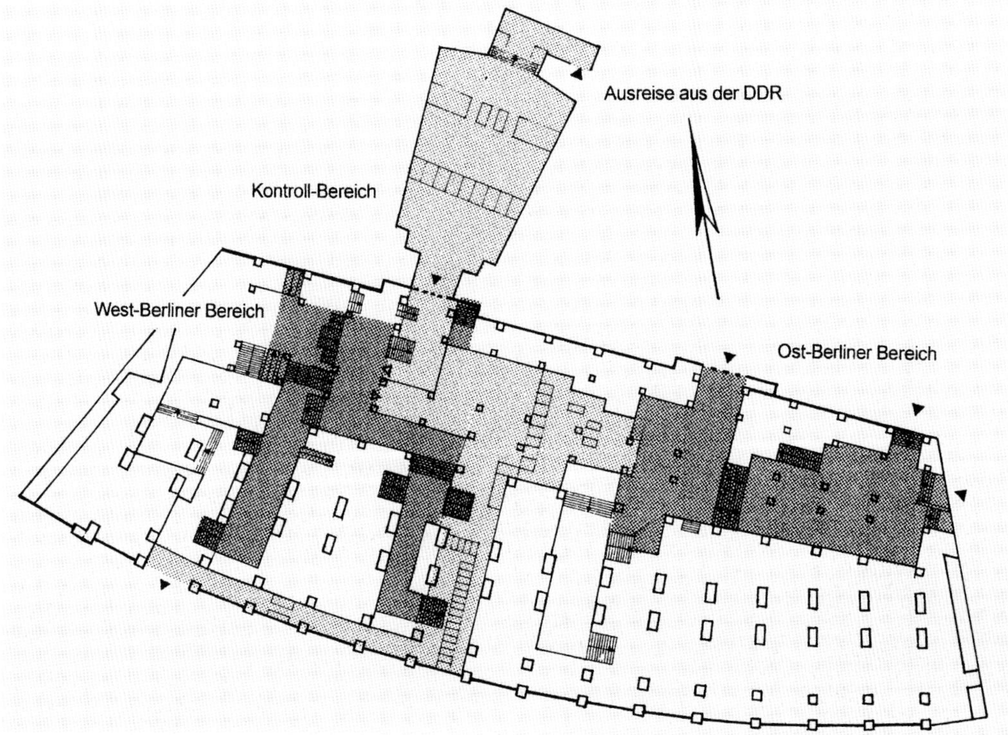

Schematische Darstellung der im Grenzbahnhof Berlin Friedrichstraße zwischen Ost- und West-Berlinern frei zugänglichen Bereiche und dem mittig dazu gelegenen Kontrollbereich (Erdgeschoss). Die übrigen Räume nutzten Handels- und Dienstleistungseinrichtungen – für West-Berlin besonders der Intershop, in dem man für DM-West und andere frei konvertierbare Währungen westliche Erzeugnisse billiger einkaufen konnte –, aber auch die DR und überwiegend die „Organe“ als Dienst- und Sozialräume.
Zeichnung: Udo Dittfurth, Berliner S-Bahn-Museum

wie Schutzgitter und Stacheldrahtfanggitter entlang des Stadtbahn-Viaduktes bis zum Humboldthafen ein Überklettern oder gar eine Flucht. Die im August 1961 im Bahnhofsgebäude eingezogenen Mauern, um den Ost- vom Westteil zu trennen, änderten sich fast täglich: Das Grenzkommando Mitte, das Transportpolizeiamt Berlin, die Zollverwaltung, das Ministerium des Innern und das Ministerium für Staatssicherheit wollten eigene Dienst- und Sozialräume, Flure, Überwachungszentren, Vorführ- und Vernehmungsräume sowie Arrestzellen, später Rechner und Abhörzentralen. Das MfS nutzte ferner Räume für konspirative Treffen und auch einen unter Bahnsteig A in den Diensträumen der DR gelegenen Durchgang – ohne Zoll und Grenzer – direkt zum Bahnsteig A, lediglich durch drei Stahltüren getrennt (1972) bzw. einen „Welten verbindenden“ Gang hinter den unterirdischen Toiletten (1989) als Schleusen von Ost nach West [18]. All diese Veränderungen traf man nur, um keine Gewohnheiten aufkommen zu lassen, weil sich die „Organe“ gegenseitig nicht vertrauten und um langfristig vorzubereitende Fluchtversuche zu unterbinden.

Die Grenzübergangsstelle (Güst) Berlin Friedrichstraße lag mitten im Herzen Berlins. Von hier fuhren nicht nur Fernzüge und S-Bahnen nach West-Berlin, es war auch ein Umsteigepunkt des Westens

Im April 1990 mutete der Bahnhof Berlin Friedrichstraße immer noch als Grenzbahnhof an, wie die Postenhäuschen zwischen den Gleisen und hinter der östlichen Hallenschürze beweisen. Lediglich die Ost und West trennende Wand ist im Vorfeld der Halle eingekürzt worden. Foto: Kuhlmann

Die Stadtbahn im Bereich zwischen Reichstag (links, nicht sichtbar) und Charité: rechts die Spree, deren westliches Ufer die eigentliche Grenze war, der Grenzsignalzaun (GSZ) mit dem Kontrollstreifen, dahinter der Führungspunkt der Grenztruppen, sowie der Kolonnenweg für die Patrouillen; die Hintere Sicherungsmauer (HsiM) befand sich östlich der Bahntrasse. Foto: Berliner Mauer-Archiv Hagen Koch

Heimlicher Hauptbahnhof in West-Berlin war (und ist?) der Bahnhof Berlin Zoologischer Garten. Am 10. Juli 1965 hat die 01 501 den Schnellzug D 6 nach Frankfurt (Main) über Wartha (Werra) – Bebra bespannt.
Foto: Heinz Krautzschick

zwischen innerstädtischer U- und S-Bahn. Die besondere Lage ließ diese Güst nie im Rampenlicht der Politik stehen wie vielleicht den bekannteren Übergang Checkpoint Charlie in der südlichen Friedrichstraße.

Den wenigsten Reisenden aus Ost-Berlin und der DDR, denen das Glück zuteil wurde, in den „Westen“ reisen zu dürfen, wird bewusst gewesen sein, vom Eingang der dem Bahnhofsgebäude nördlich vorgelagerten Ausreise- und Zollhalle – besser bekannt als „Tränenpavillon“ – durch alle verwinkelten Gänge des Gebäudes bis zum Einsteigen in den Zug überwacht worden zu sein. Dafür sorgten rund 140 Videokameras im gesamten Bahnhofsbereich, deren Bilder in die einzelnen Überwachungszentralen der „Organe“ übertragen wurden, von denen keiner genau wusste, wer eigentlich wen überwachte. Damit war dieser Bahnhof wie kein anderer eine Hochburg der Sicherheit. Aufatmen konnten die Reisenden erst auf dem Bahnsteig, wenn angesagt wurde: „Zugverkehr Bahnsteig A, Gleis 2. Es wird zur Abfahrt bereitgestellt D ... nach ... Nach Einfahrt des Zuges verbleiben Sie bitte hinter der weißen Kontrollinie!“ [18].

In kleinen Postenhäuschen auf Bahnsteigen, zwischen den Gleisen, unmittelbar an den Hallenschürzen der Bahnhofshalle, auf Signalbrücken und auf Wachtürmen waren bewaffnete Grenzer stationiert. Sie kontrollierten das gesamte Bahnareal von der Einfahrt aus Richtung Alexanderplatz bis zur Brücke über den Humboldthafen vor dem damaligen Lehrter Stadtbahnhof. Und was die wenigsten wussten, und vielleicht noch mehr Fluchtwillige angelockt hätte: In der gesamten Güst galt Schießverbot! [18].

Unterhalb der östlichen und westlichen Hallenschürze über den Gleisen 1 und 2 sowie auf dem östlichen Fahrtrichtungsanzeiger waren je zwei blaue Rundumleuchten sowie in der Halle mehrere Hupen installiert, mit denen Grenzalarm ausgelöst werden konnte. Neben dem Führungspunkt der Grenztruppen war auch bei der Aufsicht Bahnsteig A ein Alarmauslöseknopf vorhanden. Im Falle eines Alarms mussten alle Züge angehalten und die Signale auf Halt gestellt werden, weitere Züge durften nicht abgelassen werden [35].

Die in beiden Hauptgleisen auf beiden Bahnhofsköpfen 1961/62 zwischen den Einfahrsignalen und den ersten Weichen eingebauten Gleissperren gingen noch auf eine Ausnahmegenehmigung des Ministers für Verkehrswesen zurück, denn nach den „Grundsätzen für die Ausgestaltung der Sicherungsanlagen der Hauptbahnen und der mit mehr als 60 km/h befahrenen Nebenbahnen" waren diese in Hauptgleisen, also in von Zügen befahrenen Gleisen grundsätzlich verboten. Die Funktion der besonderen Gleissperre im Hauptgleis, die ein Nachfahren aus dem Nachbargleis verhinderte, wurde bereits im Kapitel 3 erläutert.

Im Gegensatz zu anderen Grenzbahnhöfen an der „Staatsgrenze West" war es selbst für die Eisenbahner beschwerlich, sich im West- oder gar zwischen Ost- und West-Bereich des eigenen Bahnhofs zu bewegen. Dafür gab es im Bahnhof zwei Dienstauftragsstellen (Dast), eine in der Bahnhofshalle unter Bahnsteig C und frei zugänglich aus dem Osten, die andere auf S-Bahnsteig B für aus West-Berlin kommende Eisenbahner. Diese waren für den Übergang der Angestellten der Verwaltung in Ost und West gedacht, mussten aber ebenfalls für die Beschäftigten des Bahnhofs Berlin Friedrichstraße und der Anlagenmeisterei Berlin Nordbahnhof (darin waren Signal- und Fernmelde- sowie Bahnmeisterei vereinigt) genutzt werden. Ständig im Westbereich arbeitende Beschäftigte erhielten wie die anderer Grenzbahnhöfe bei der Dast entsprechend dem eingereichten Dienstplan vor Dienstbeginn ihren Ausweis, der nach Schichtschluss wieder zurückzugeben war. Die Eisenbahner der Dienststelle, die den Westteil (Kontrollbereich) betreten durften, erhielten vorbereitete, aber unter Verschluss gehaltene nummerierte Ausweise. Die Namen derer, die den Kontrollbereich bzw. den Grenzstreckenabschnitt betreten durften, waren in einer „Grenzliste" erfasst. Wollten Beschäftigte z. B. von der (öffentlich zugänglichen) Dienststellenleitung unter Bahnsteig A zum Stellwerk Friw im Westteil, meldeten sie ihren Gang bei einem so genannten Vormeldeberechtigten an. Nur dieser durfte die Dast mit der Nummer des Ausweises informieren, diese wiederum dann die Grenzsicherungsorgane, dass die Nummer soundso den vorgeschriebenen Dienstweg zum Stellwerk Friw passieren dürfe. Vom Beschäftigten war der nummerierte Ausweis (genannt Form 1 Dokument) in der vorgeschriebenen Hülle mit Sicherheitsband am Körper zu tragen und bei Rückkehr abzugeben. Ebenso durfte nur der Vormeldeberechtigte Änderungen des Dienstplanes an die Dast übermitteln. Selbst die Beschäftigten des im Ostteils befindlichen Stellwerkes Frio mussten sich beim Führungspunkt der Grenztruppen anmelden, wenn sie ihren Dienstposten erreichen oder verlassen wollten [35].

Die in Berlin beginnenden Transitzüge wurden im Abstellbahnhof von Berlin-Rummelsburg gereinigt, gewartet und zur Fahrt vorbereitet. Die dort tätige Transportpolizei unterzog den gesamten Zug einer „Innen-Transportmittel-Kontrolle". Erst wenn diese ergebnislos verlaufen war, durfte der Transitzug seine Fahrt nach Berlin Friedrichstraße antreten, und unterwegs keinesfalls zum Halten kommen. Diesen Zug begleitete die Trapo, die zuvor jede einzelne Wagentür mit einer Kette festgelegt hatte, um ein unkontrolliertes Zusteigen zu verhindern.

Lediglich im Ostbahnhof durfte ein Halt eingelegt werden, damit die MITROPA den Speisewagen beladen konnte.

Nach dem Fall der Mauer durften alle Reisenden die ehemaligen Transitzüge zur Fahrt in den Westen benutzen, aber erst ab dem 1. Juli 1990 bereits in Berlin Ostbahnhof ein- oder aussteigen; die Halte in Berlin Friedrichstraße und Berlin Zoologischer Garten blieben bestehen. Ab 2. Juli 1990 mit Betriebsbeginn nahm man wieder den durchgehenden elektrischen S-Bahn-Verkehr über die Stadtbahn auf. Im Bf Berlin Friedrichstraße fahren die S-Bahn-Züge wie einst 1928 auf Gleis 6 in Richtung Westen, auf Gleis 5 in Richtung Osten ...

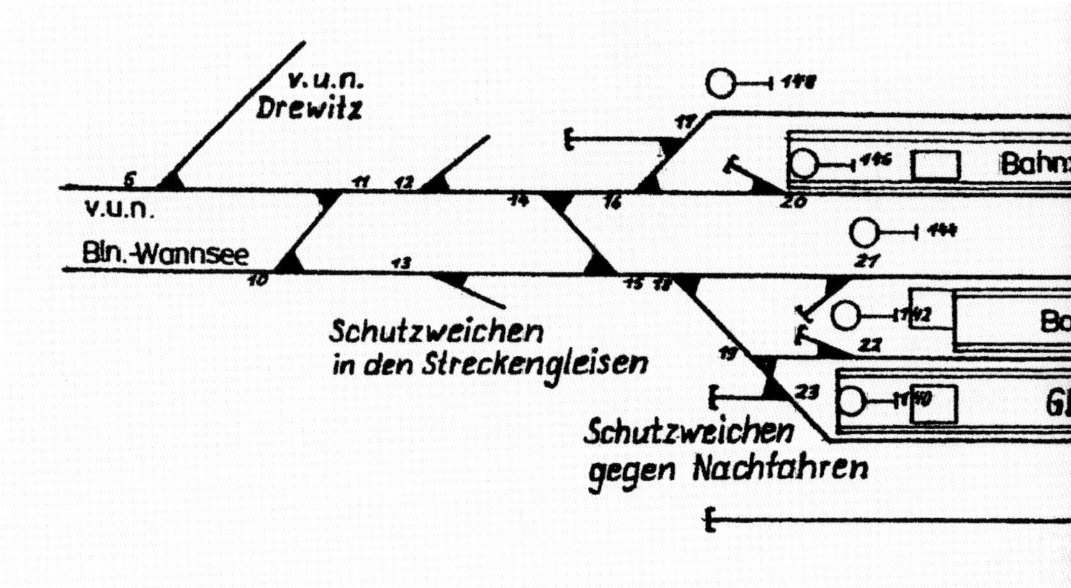

Griebnitzsee/Potsdam (Stadt): Kontrollbahnhöfe an ältester preußischer Bahn

Die erste preußische Eisenbahn, die Berlin-Potsdamer Eisenbahn, wurde am 21. September 1838 zwischen Zehlendorf und Potsdam eröffnet, und am 29. Oktober 1838 war die Gesamtstrecke Berlin – Potsdam befahrbar. Der an dieser Strecke gelegene Bf Neubabelsberg (seit 1. April 1938 Babelsberg-Ufastadt, seit 1. April 1949 Griebnitzsee) wurde erst am 1. Juni 1874 mit dem Bau der (alten) Wannseebahn eröffnet (Berlin-Zehlendorf – Berlin-Wannsee – Griebnitzsee). Die Wetzlarer Bahn (nach Drewitz – Seddin) ist erst am 15. April 1879 für den Güter- und am 15. Mai 1879 für den Personenverkehr eröffnet worden. Am 11. Juni 1928 waren Griebnitzsee und auch Potsdam mit der elektrischen S-Bahn von Berlin aus erreichbar [35].

Nach dem von der DDR-Regierung am 1. Mai 1950 erlassenen Zollgesetz fanden an den Stadtgrenzen Berlins Kontrollen im Personen- und Reiseverkehr statt. Während in Potsdam (Stadt) nur die Interzonenzüge kontrolliert wurden, waren in Griebnitzsee die Reisenden der S-Bahn und ab Oktober 1954 auch Interzonenreisende betroffen. Vom 2. Februar 1951 bis Anfang Oktober 1952 war dieser Bahnhof für den öffentlichen Verkehr geschlossen; fadenscheinige Gründe gab die DDR dafür an, um ihre Abgrenzungsmaßnahmen zu verschleiern [36]. Die Dienstzüge der westlichen Alliierten durften nur von den Sowjets kontrolliert werden; dies geschah von jeher auf dem Bahnhof Potsdam (Stadt) auf den Gleisen 3 und 75 an der Mauer des damaligen Reichsbahn-Ausbesserungswerkes, die für diesen Zweck eingezäunt waren.

Mit dem Mauerbau am 13. August 1961 verkehrten zunächst noch elektrische S-Bahnen zwischen Potsdam (Stadt) und Griebnitzsee, aber der Inselbetrieb dauerte nur bis zum 9. Oktober 1961. Dann fuhren Dieseltriebwagen, die aber am 29. Oktober 1961 nach Babelsberg zurückgezogen wurden. Seit diesem Zeitpunkt war der im Grenzgebiet befindliche Bahnhof Griebnitzsee für den öffentlichen Verkehr geschlossen [36].

Der dicht an der Stadtgrenze gelegene Bahnhof konnte jetzt zu einem zentralen Kontrollpunkt für die Interzonenzüge ausgebaut werden, in den die beiden ehemaligen S-Bahn-Gleise mit Bahnsteig einbezogen wurden. Seit 22. Oktober 1961 verkehrten bereits die Züge von und nach Frankfurt (Main) und München nicht mehr über Drewitz, sondern über Griebnitzsee – Potsdam – Seddin. Vorgesehen war dafür, ab 10. Dezember 1961 die Hamburger Interzo-

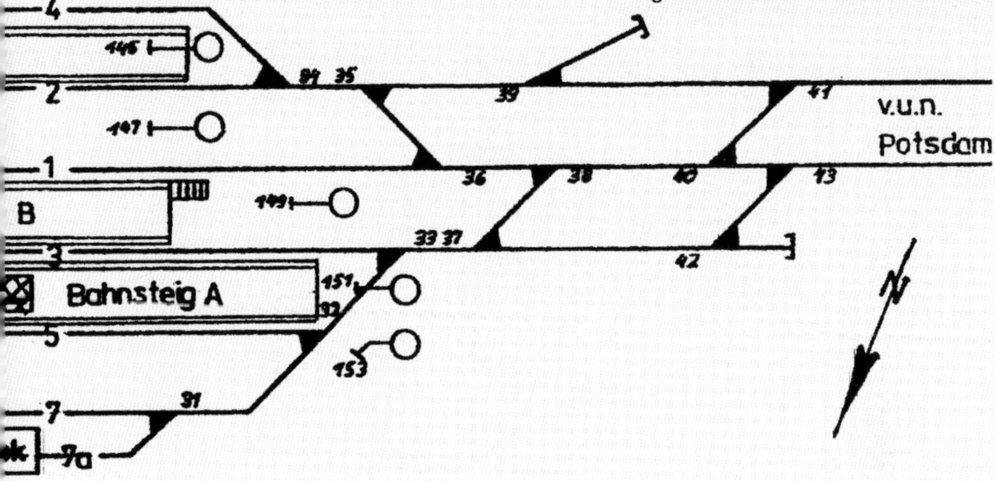

Gleisplanskizze des Bahnhofs Griebnitzsee (1987). Signale sind unvollständig. Slg. Kuhlmann

Im hohen Turm auf Bahnsteig B des Bahnhofs Griebnitzsee befand sich der ehemalige Führungspunkt der Grenztruppen, die von hier aus jeder Fahrt im Grenzbahnhof zustimmen mussten. Foto: Kuhlmann

Blick auf den Grenzbahnhof Griebnitzsee im August 1990. Noch sind alle besonderen Schutzweichen vorhanden. Während links ein Schnellzug nach Berlin-Wannsee ausfährt, wartet rechts der Wendezug nach Potsdam-Pirschheide auf Ausfahrt. Foto: Peter Bley

nenzüge über Griebnitzsee zu führen, doch geschah dies bereits am Abend des 6. Dezember 1961 nach der gelungen Flucht mit einem Personenzug über die Grenze bei Albrechtshof. Am 10. Dezember 1961 wurde die unmittelbar an der Grenze gelegene Abzweigstelle Kohlhasenbrück, an der sich die von Berlin-Wannsee kommende zweigleisige Strecke mit zwei Gleisen nach Griebnitzsee und mit einem Gleis nach Drewitz verzweigte, stillgelegt.

Nunmehr führte von Berlin-Wannsee je eine eingleisige Strecke nach Griebnitzsee und Drewitz. Nachdem bis zum Frühjahr 1962 der Bahnhof Griebnitzsee zum Kontrollbahnhof mit fünf Bahnsteiggleisen umgebaut worden war, diente er nur noch dem Reiseverkehr zwischen der BRD und West-Berlin sowie dem durchfahrenden Dienstzugverkehr der westlichen Alliierten, der allerdings in Potsdam (Stadt) von der Sowjetarmee kontrolliert wurde [36].

Die besonderen Schutzweichen in den Streckengleisen gegen Nachfahren sowie Durchfahrten der alliierten Dienstzüge auf Gleis 1 des Bf Griebnitzsee wurden bereits in Kapitel 3 erläutert.

Für Eisenbahner gab es hier ein Loch in der Mauer. Verkehrten anfangs noch spezielle Dienstpersonenzüge (Triebwagen des Bw Seddin) zwischen Griebnitzsee und Berlin-Wannsee, so mussten die Eisenbahner später die planmäßigen Reisezüge zwischen beiden Bahnhöfen nutzen. Das waren sowohl Lokomotiv- als auch Zugbegleitpersonale. Erschwerend war, dass sich der Bahnhof Griebnitzsee im Grenzgebiet befand und bereits dafür ein entsprechender Ausweis nötig war. Wie in Berlin Friedrichstraße mussten die Dienstpläne der einzelnen Eisenbahner im Voraus bekannt sein, um den neuen, zum Grenzübertritt berechtigenden Ausweis ausgehändigt zu bekommen, der nach Dienstschluss wieder zurückzugeben war. Doch mussten die Zeiten für die Aus- und

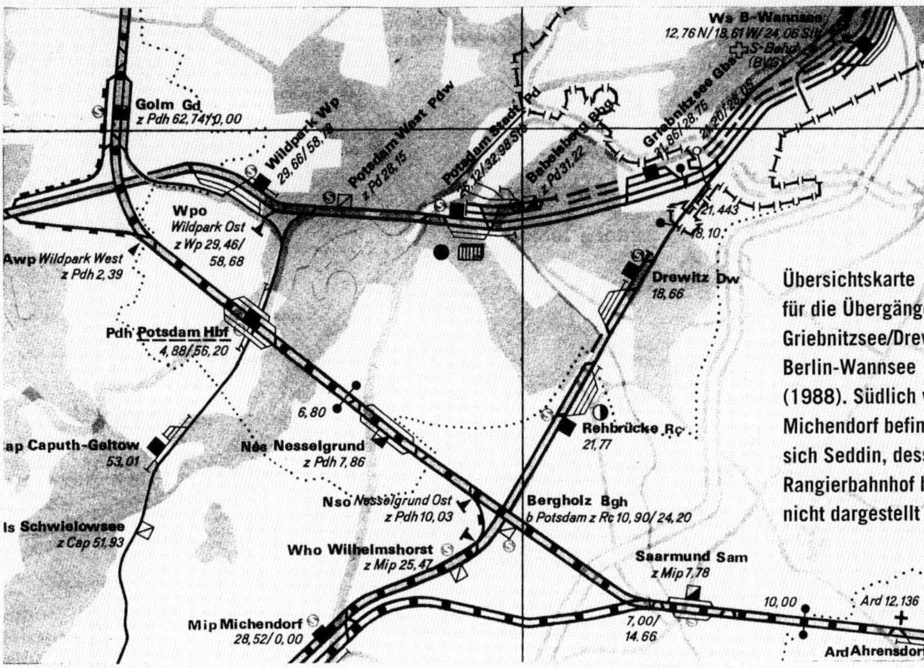

Übersichtskarte für die Übergänge Griebnitzsee/Drewitz – Berlin-Wannsee (1988). Südlich von Michendorf befindet sich Seddin, dessen Rangierbahnhof hier nicht dargestellt ist.

Einreise wegen möglicher Verspätungen und Unregelmäßigkeiten im Fahrdienst und damit verbundener Dienstplanänderungen oder wegen möglicher Krankheiten großzügiger gehandhabt werden als in Berlin Friedrichstraße für die überwiegenden Angestellten der Verwaltung. Deshalb war es unumgänglich, einen über eine oder mehrere Wochen dauernden Aufenthalt im „Ausland" zu verordnen. Die fast unbeschränkte Reisefreiheit – die Art des Passes diktierte den oder die zu benutzenden Grenzübergänge – wurde von einzelnen Eisenbahnern genutzt, nicht nur zum Einkaufen mit vorhandenem oder angespartem Westgeld oder mit in DM umgetauschten Ost-Geld ... [15]

Bereits seit 26. September 1976 wurden die Hamburger Transitzüge wieder über Berlin-Spandau geführt und berührten Griebnitzsee und Berlin-Wannsee nicht mehr [36].

Im April 1980 vereinbarten die BRD und die DDR, den Eisenbahnverkehr nach West-Berlin zu verbessern. U. a. war die Strecke Berlin-Wannsee – Potsdam (Stadt) – Werder (Havel) wieder zweigleisig auszubauen und moderne Sicherungstechnik in Betrieb zu nehmen. Am 28. November 1983 wurde zwischen Berlin-Wannsee und Potsdam (Stadt) der zweigleisige Betrieb mit dem neuen ferngestellten Abzweig Griebnitzsee Ost (Gbo) (für das frühere Kohlhasenbrück) aufgenommen. Nachdem am 3. Dezember 1983 die DR im Bf Wildpark (heute Potsdam Park Sanssouci) ein modernes Spurplan-Stellwerk in Betrieb genommen hatte, war einige Tage später die Strecke Berlin Zoologischer Garten – Helmstedt wieder durchgehend zweigleisig befahrbar [36].

Nach dem Fall der Mauer fehlte zunächst die S-Bahn-Verbindung. Doch bereit am 22. Januar 1990

Fortsetzung Seite 140

Seite 138/139
In der Hauptabteilung VI des Ministeriums für Staatssicherheit der DDR gab es für jeden Grenzübergang eine kurze Charakteristik mit einem Lageplan, hier das vorgeheftete Auskunftsblatt für die Güst Griebnitzsee. Das erwähnte Y-Sondersignal ist bereits 1980 abgebaut worden. Repro aus BStU – ZA, MfS – HA VI, Nr. 10077, BStU-Seiten 040/041

AUSKUNFTSBLATT

Stand vom: 1o.05.83

GÜSt: Griebnitzsee

Planstellen: 9o Gen.

Ist-Stärke: 95 "

Stab: 12 "

I. Zug: 23 "

II. Zug: 2o "

III. Zug: 2o "

IV. Zug: 2o "

V. Zug: —

PKE: Griebnitzsee

Leiter d. PKE: Major Edelmann

Stellvertr. PK: Hptm. Lau

Stellv. Operativ: —

Dienstrhythmus: 8 Stunden- Dienst bzw. entsprechend der Fahrzeite der Reisezüge

Ablösungszeiten: o6.00 / 14.00 / 22.00 Uhr

Organe des Zusammenwirkens

Kommandant der Grenztruppen: OSL Piel

Anzahl DHO des Kommandanten: 5

Anzahl Sicherungskräfte d. Grenztruppen: 1/4

Leiter d. GZA: ZUK Krüger

Dienstrhythmus d. GZA: 8 Stunden bzw. 12 Stunder an Wochenenden

Stärke d. GZA: 18 Gen.

Ablösungszeiten: o6.00 / 14.00 / o1.00 Uhr

Institutionen (Leiter und Stärke)

Staatsbank:

Post:

DRK:

MfAA:

Reichsbahn: Oberamtmann Golibrzuch 13

Interflug:

Reisebüro:

Intershop:

Mitropa:

Deutrans:

VHVD:

Pflanzenquarant.:

Reisekategorien:
Spez. Transit (BRD, WB, NSW, SW)
Übrig.Transit " "
Teilabf. Einreise DDR

Verkehrskategorien:
Reisezüge

Technische Daten der GÜSt

Kontrollterritorium – Länge: 460 m

– Breite: 110 m

Grenzstreckenabschnitt – Länge: 440 m

Abfertigungskapazität		Trakte, Rampen Bahnsteige	Fahrspuren, Gleise Abfert.-St., Liegepl.
Fußgänger	– Einreise		
	– Ausreise		
PKW	– Einreise		
	– Ausreise		
KOM	– Einreise		
	– Ausreise		
LKW	– Einreise		
	– Ausreise		
Züge/Schiffe Luftfahrzeuge	– Einreise	1	2 Gleise
	– Ausreise	1	2 Gleise

behelfsmäßige Anlagen:

Sperr- und Sicherungsanlagen:

Ständiger Einsatz von 7 Signalgeräten (Schußwaffencharakter) und
3 elektr. Signalgeräte an den Flanken der Güst.
Grenzmauer sündlich des Kontrollterritoriums.
Maschendrahtzaun nördl. des Kontrollterritoriums.
3 Gleissperren, 1 Schutzweiche (Weiche 21).
Alarmanlage mit 8 Auslösestellen.
Sondersignal y

Territoriale Lage der GÜSt:

Die Güst befindet sich zwischen der Staatsgrenze und Bahnhof Babelsberg. Nördlich grenzt an der Griebnitzsee und südlich grenzt an das Gelände der Akademie der Rechtswissenschaften. Die Güst liegt im Grenzgebiet. Im Hinterland befindet sich die Ortschaft Babelsberg.

Besonderheiten an der GÜSt:

Züge der westlichen Besatzungsmächte passieren als Durchläufer die Güst (Gleis 1) in beiden Richtungen.

nahm man zwischen Potsdam Pirschheide (damals noch Hbf) und Berlin-Wannsee „grenzüberschreitenden“ Personenverkehr auf. Dafür waren überwiegend Diesellokomotiven des ehemaligen Regierungszuges der DDR mit Doppelstockeinheiten im Wendezugbetrieb eingesetzt. Bis 1. Juli 1990, bis zum Beginn der Wirtschafts- und Währungsunion, wurde hier noch kontrolliert, doch immer spärlicher. Ab 27. Mai 1990 leitete man die ehemaligen Transitzüge nach München und Frankfurt (Main) nicht mehr über Griebnitzsee, sondern über den kürzeren Weg über Drewitz, der einst Güterzügen vorbehalten war. Am 1. April 1992 fuhr zwischen Berlin-Wannsee und Potsdam (Stadt) wieder die elektrische S-Bahn, auch in Griebnitzsee haltend.

Unmittelbar an der Grenze bei Griebnitzsee bestand der Abzweig Kohlhasenbrück (Khb), an dem sich ursprünglich die von Berlin-Wannsee kommende Strecke nach Griebnitzsee (rechts) und nach Drewitz verzweigte. Um dieses Stellwerk im Grenzgebiet nicht mehr besetzen zu müssen, richtete man nach dem Mauerbau zwei eingleisige Strecken ein. Das im Schussfeld befindliche Stellwerk wurde später abgerissen. Auf dem Foto fährt ein von der 01 065 beförderter Schnellzug nach Griebnitzsee (1963).
Foto: Heinz Krautzschick

Drewitz/Seddin Süd: Kontrolle nur im Güterverkehr

Die Wetzlarer Bahn von Berlin-Grunewald über Berlin-Wannsee – Beelitz Heilstätten – Wiesenburg (Mark) – Güsten wurde am 15. April 1879 für den Güter- und am 15. Mai 1879 für den Personenverkehr eröffnet. Der an der Strecke gelegene Rangierbahnhof Seddin – seit Februar 1914 Haltepunkt für Bauarbeiter und Eisenbahner – wurde am 17. September 1923 provisorisch in Betrieb genommen. Nach Abschluss der Internationalen Eisenbahn-Ausstellung 1924 ging er voll in Betrieb. Am 20. April 1945 zerstörte ein Luftangriff wesentliche Teile des zweiseitigen Rangierbahnhofs. Dabei wurde ein auf der Fahrt in ein Konzentrationslager befindlicher Zug mit einem Frauentransport getroffen, unter denen 300 Tote zu beklagen waren [35].

Nach Kriegsende baute die DR den Rangierbahnhof einseitig wieder auf. Von 1955 bis 1990 wurde er als Großversuchsanlage für den Güterverkehr und mit dem neuen Bahnhofsteil Seddin Süd als Transitdrehscheibe der DR für den TEEM-Verkehr ausgebaut und erweitert.

Drewitz (seit 28. Mai 2000 als Potsdam Medienstadt Babelsberg bezeichnet) war bereits seit Mai 1950 Kontrollbahnhof für den Reiseverkehr und für den Güterverkehr nach und von West-Berlin. Am 18. Mai 1952 verlegte die DR den Endpunkt im Vorortverkehr in Richtung Beelitz Heilstätten von Berlin-Wannsee nach Drewitz, um damit das ab dem 1. Juni 1952 geltende Einreiseverbot von Einwohnern West-Berlins in die DDR vorzubereiten. Noch bis 1961 wurden in Drewitz Interzonenreisezüge kontrolliert.

Mit dem Bau der Mauer im August 1961 änderte sich der Reiseverkehr. Seit 22. Oktober 1961 mussten auch die Interzonenzüge nach München und Frankfurt (Main) über Griebnitzsee fahren. In Drewitz wur-

Im Betonkanal von Drewitz nach Berlin-Wannsee: Gleich drei Gleisendabschlüsse hintereinander für Schutzweichen gab es hier. Die im Vordergrund sichtbare Weiche diente dem Flankenschutz, die weiteren sollten unberechtigte Ein- und Ausfahrten verhindern. Foto: Peter Bley

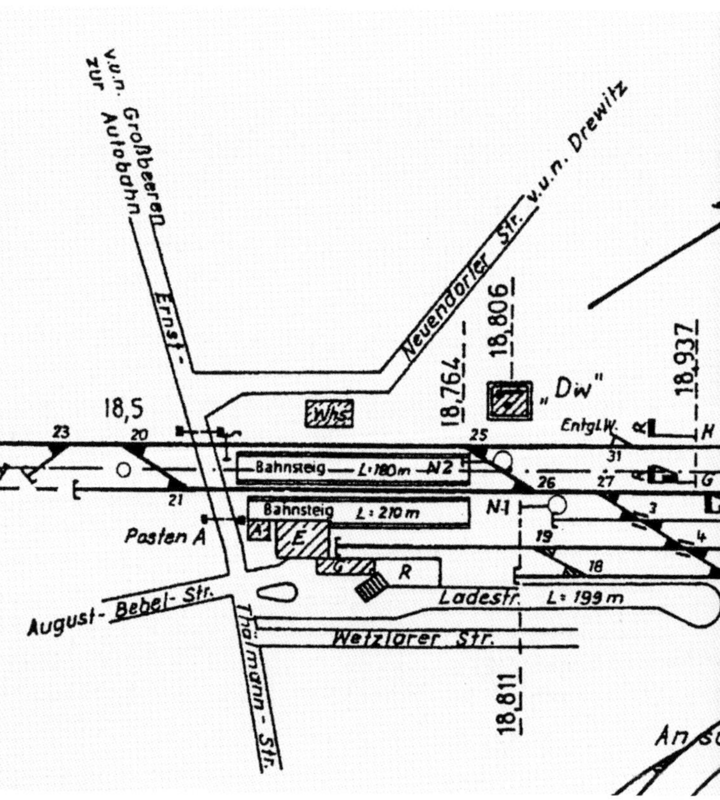

Gleisplanskizze des Grenzbahnhofs Drewitz. Die letzte Zugkontrolle fand auf den eingezäunten Gleisen 1 und 2 statt. Reisezüge zum und vom Hausbahnsteig mussten den Kontrollbereich auf Gleis 3 umfahren. Zeichnung: Slg. Kuhlmann

den fortan nur noch Güterzüge nach und von West-Berlin kontrolliert. Weil dieser Bereich mit zwei Gleisen einzuzäunen war, mussten die hier endenden und beginnenden Vorortzüge über das Überholungsgleis an den Hausbahnsteig fahren. Dann war die Lokomotive umzusetzen, die in Richtung Berlin-Wannsee vorziehen musste, um über das durchgehende Hauptgleis an das andere Zugende zu gelangen. Um dabei Durchbrüche nach West-Berlin zu verhindern, waren

„USA-Militärpolizist bedroht Grenzposten mit dem Gewehr M-16 am 22. September 1970 am Bahnübergang der Enklave Steinstücken“ lautet der MfS-Text zu diesem Foto; nicht erwähnt wurden die vorangegangenen Provokationen der DDR-Grenzposten, um mit einem solchen Foto die Aggressivität der USA „beweisen“ zu können.
Foto: Berliner Mauer-Archiv Hagen Koch

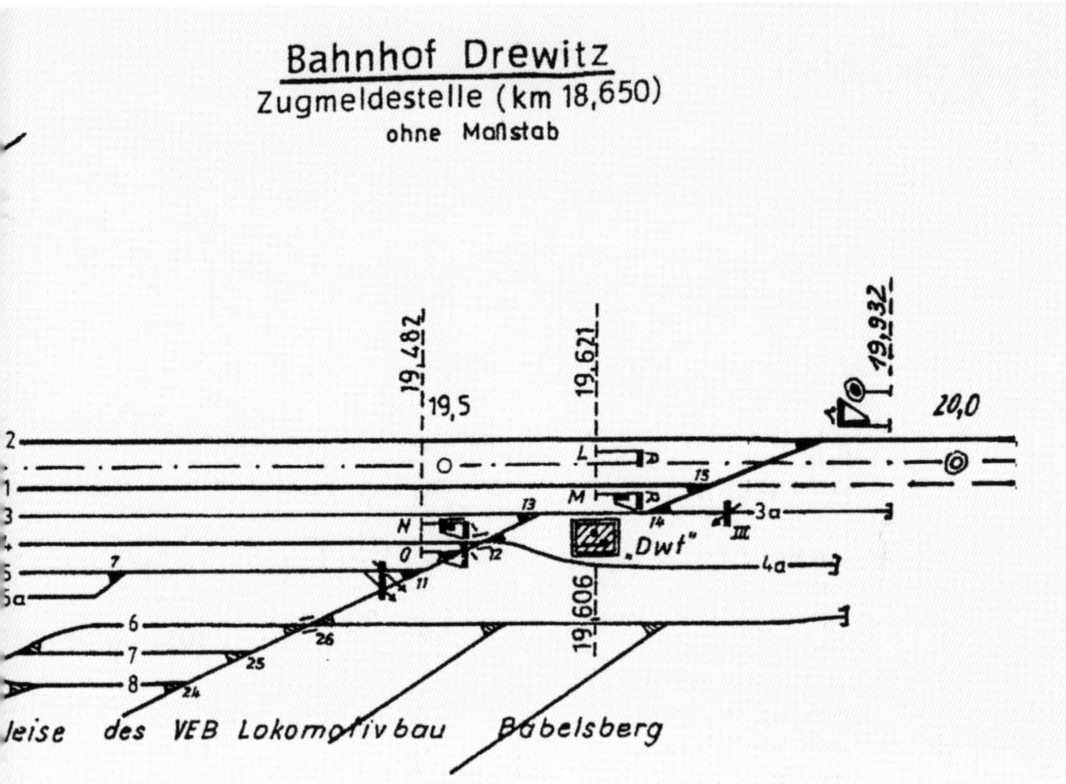

im Streckengleis zwei besondere Schutzweichen eingebaut, im Bahnsteiggleis eine Flankenschutzweiche. Im Einfahrgleis 1 für Güterzüge aus Seddin Süd befand sich hinter dem Ausfahrsignal als Schutz gegen ungenehmigte Durchfahrten eine Entgleisungsweiche; das war nur eine Zungenvorrichtung einer Weiche, weil wegen Platzmangel eine solche nicht eingebaut werden konnte.

Die ab 1955 wiederaufgebaute nördliche Ausfahrgruppe des ehemaligen zweiseitigen Rangierbahnhofs Seddin wurde für den Transit-Güterverkehr durch die DDR genutzt und als Seddin Süd bezeichnet. Zwar fuhren auch bereits vor August 1961 Güterzüge zwischen Seddin Süd und West-Berlin, doch beschränkte sich hier die Kontrolle auf die Frachtpapiere und das Gut. Erst nach dem Mauerbau wurde Seddin Süd wie ein Grenzbahnhof eingemauert bzw. eingezäunt, bewacht, beleuchtet und auch behandelt; Zutritt hatten nur noch auserwählte Eisenbahner aus der DDR. West-Berliner Lokpersonale, die diesen Bahnhofsteil von Berlin-Grunewald aus anfuhren, durften ihn nicht verlassen.

Kontrollierte Güterzüge aus Seddin Süd durften bis zum nächsten Kontrollbahnhof – Drewitz – nicht zum Halten kommen – höchstens in einem von der Transportpolizei gesicherten Bahnhof –, damit nicht unberechtigt Personen aufsteigen. Das stellte die Betriebsführung auf dieser rund 14 Kilometer langen Strecke vor Probleme, obwohl die Strecke zwischen Seddin bzw. Michendorf und Rehbrücke (heute Potsdam-Rehbrücke) zweigleisig und nur der folgende Abschnitt bis Drewitz eingleisig war. Hier kontrollierte die Transportpolizei die Züge noch einmal von außen, bevor sie nach West-Berlin weiterfahren durften. Dabei passierten sie die zu West-Berlin gehörende, aber von der DDR umgebene Exklave Steinstücken (siehe auch Kapitel 3).

Noch vor Beginn der Wirtschaft- und Währungsunion zwischen der BRD und der DDR leitete man die ehemaligen Transitzüge nach München und

Frankfurt (Main) ab 27. Mai 1990 über den kürzeren Weg über Drewitz – Seddin. Doch bis zum 8. Oktober 1990 mussten sie in Drewitz einen kurzen Halt einlegen, weil erst dann Durchfahrten sicherungstechnisch möglich waren.

Wustermark Rbf/Staaken: Transitgleis Richtung West-Berlin

Die Lehrter Bahn stand zwischen Berlin-Spandau Gbf – Wustermark – Stendal und Gardelegen am 1. Februar 1871 dem Betrieb zur Verfügung. Der zweiseitige Rangierbahnhof Wustermark wurde erst am 1. Mai 1909 eröffnet, der aber 1945/46 wegen fälliger Reparationen an die Sowjetunion auf einen einseitigen in West-Ost-Richtung reduziert wurde. Stets benutzten Güterzüge zwischen Wustermark Rbf und Berlin-Spandau Gbf die eingleisige Strecke, um dann nach Berlin-Ruhleben oder Berlin-Charlottenburg Gbf zu gelangen. Erst nach dem Mauerbau entstand im Rangierbahnhof Wustermark auf den Trassen der vorbereiteten, aber nicht realisierten Vorortgleise eine viergleisige Kontrollgruppe nördlich des Bahnhofs, in dem alle Güterzüge nach und von West-Berlin abgefertigt und kontrolliert wurden. West-Berliner Lokpersonale durften diesen eingezäunten und bewachten Bereich wie in Seddin Süd nicht verlassen. Für den Güterverkehr baute die DR eigens das so genannte, über Dallgow bis Staaken führende Transitgleis, um den Güterverkehr Richtung West-Berlin vom übrigen Vorortverkehr zu trennen, weil ja solche Züge vor der letzten Kontrolle in Staaken nicht zum Halten kommen durften. Ab 26. September 1976 konnten dieses Gleis auch die Transitreisezüge von und nach Hamburg benutzen.

Staaken erhielt bereits am 15. August 1900 einen Haltepunkt mit zwei Seitenbahnsteigen an der Lehrter Bahn, die 1908 mit dem Bau besonderer Vorortgleise für die spätere S-Bahn (ab 3. August 1951 in Betrieb) zugunsten eines Inselbahnsteiges mit Zugang vom Nennhauser Damm aufgegeben wurden. Westlich dieser Straße wurde 1951 ein weiterer Bahnsteig für den Vorortverkehr nach Wustermark angelegt. Umsteigende Reisende zwischen S-Bahn und Vorortverkehr wurden hier bis zum 13. August 1961 kontrolliert. Von diesem Zeitpunkt an bis zum 4. März 1962 verkehrte wegen der Grenznähe keine elektrische S-Bahn nach Staaken. Im März 1976 entstand aus Sicherheitsgründen für den 1951 angelegten Vorortbahnsteig ein neuer, der rund 700 Meter von der Grenze entfernt lag. Noch weiter westlich, bereits außerhalb von Staaken

folgte bis zum 26. September 1976 ein „Kontrollbahnsteig" für den Transitreiseverkehr von und nach Hamburg über Berlin-Spandau. Die beiden nach West-Berlin führenden Gleise verliefen bis zur Grenze am Nennhauser Damm in einem Betonkorridor, der den Ort teilte. Der Bahnübergang Feldstraße wurde statt mit üblichen Schranken mit stählernen Rollgittertoren

Unmittelbar westlich der „Staatsgrenze" befand sich der zur DDR gehörende Bahnhof Staaken. Selbst das Umsetzen der 65 1055, die den abendlichen Personenzug von Wustermark hierher gebracht hatte, geschah im Mai 1968 unter Aufsicht der Grenzposten.
Foto: Heinz Krautzschick

Der Westkopf des Bahnhofs Staaken vor dem Umbau zum Kontrollbahnhof für Reisezüge und dem zweigleisigen Ausbau nach Berlin-Spandau Gbf (Februar 1976). Zugleich entfiel das unmittelbar an der Grenze befindliche Stellwerk Sta, das durch einen Neubau in größerer Entfernung ersetzt wurde. Zu erkennen sind die Schutzweichen gegen unberechtigtes Ausfahren in Richtung Westen und die Schutzweiche (ohne Herzstück) gegen Einfahrten aus dem Westen (links unten). Foto: Slg. Kuhlmann

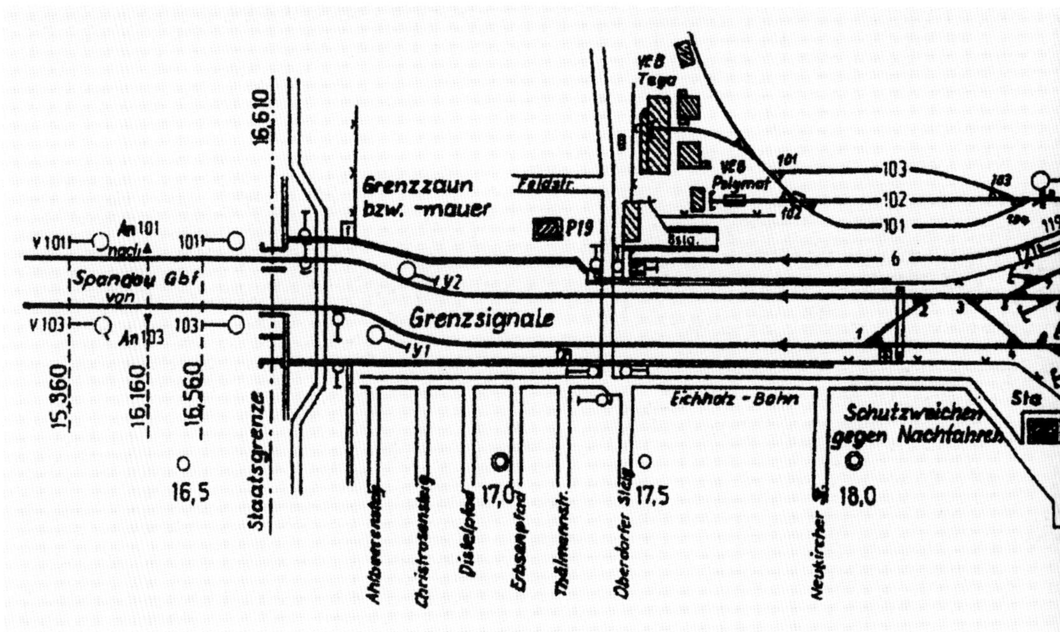

Die Mauer ist offiziell gefallen, doch so schnell lassen sich die Anlagen nicht abreißen. Im „Betonkanal" nach Staaken fährt ein von Berlin-Charlottenburg kommender Triebwagenzug (LVT) nach Nauen. Das „Elefantentor" für den Bahnübergang Feldstraße funktioniert noch. Links der dem DDR-Binnenverkehr vorbehaltene Bahnsteig. Foto: Th. Splittgerber

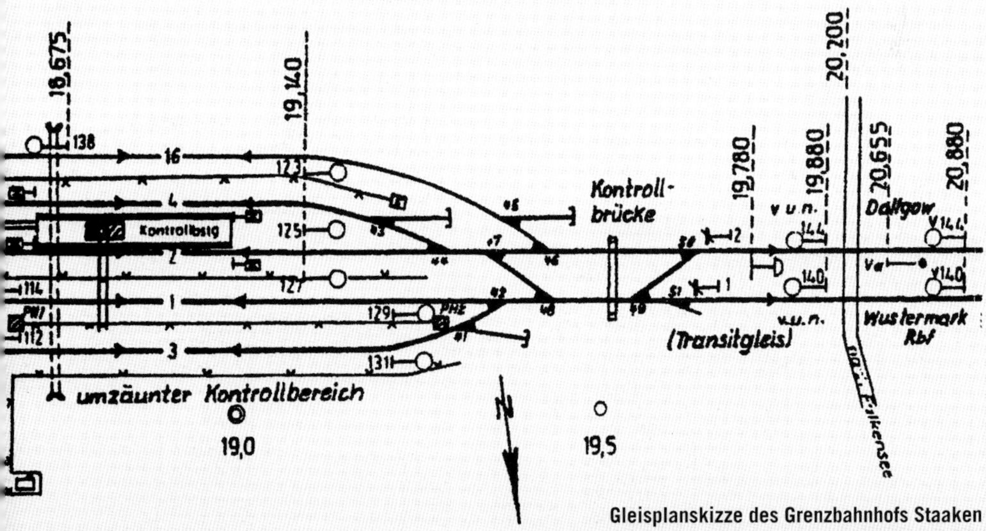

Gleisplanskizze des Grenzbahnhofs Staaken (März 1982). Der obere Bahnhofsteil diente dem Binnenverkehr der DDR. Zeichnung: Slg. Kuhlmann

Oben: Blick auf den Kontrollbereich des Bahnhofs Staaken mit neuem Stellwerk (rechts), den Führungspunkt der Grenztruppen (Mitte) und den nach Berlin-Spandau ausfahrenden D 331 von Hamburg. Im links abgegrenzten Bahnhofsteil eine dem Binnenverkehr dienende „Ferkeltaxe“ (Leichttriebwagen) nach Wustermark. Foto: Peter Bley

Unten: Jahre später, nach Eröffnung des Bahnhofs Staaken für den Reiseverkehr am 26. September 1976, waren die nach West-Berlin führenden Gleise eingemauert. Links neben der Mauer der unscheinbare Bahnsteig für den DDR-Vorortverkehr.
Foto: Berliner Mauer-Archiv Hagen Koch

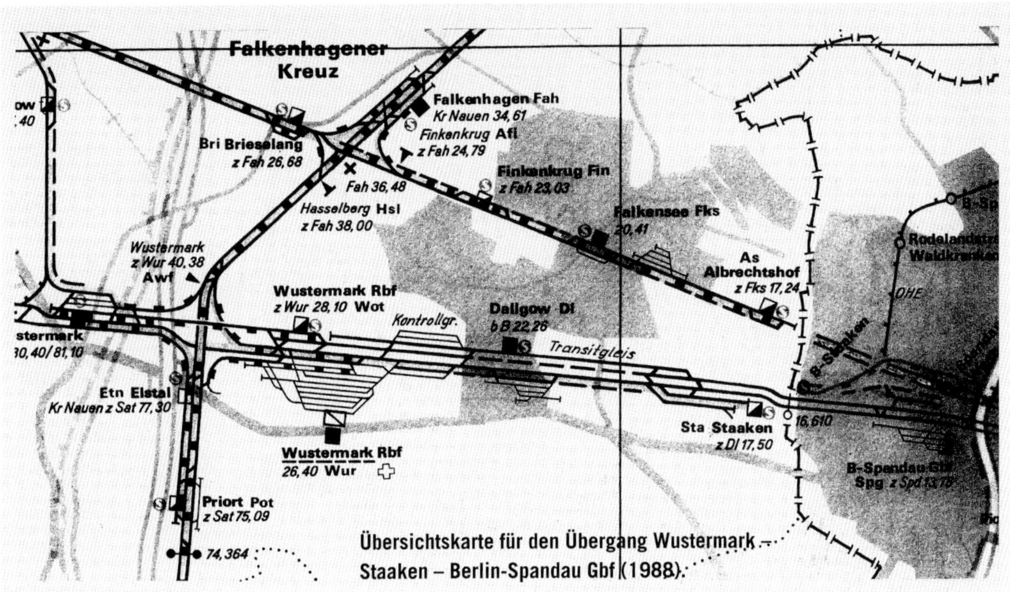

Übersichtskarte für den Übergang Wustermark – Staaken – Berlin-Spandau Gbf (1988).

zu beiden Seiten der nach West-Berlin führenden Gleise gesichert („Elefantentor").

In Staaken wurden alle Güterzüge von der Transportpolizei äußerlich auf zwei Gleisen überprüft. Für den Reiseverkehr waren ab 1976 zwei Bahnsteiggleise vorhanden. Überleitungen zwischen Transit- und DDR-Streckengleis waren in Staaken zwar möglich, aber nur bei Unregelmäßigkeiten im Betriebsablauf vorgesehen. Besondere Schutzweichen gegen Nachfahren in Richtung West-Berlin gab es in jedem Hauptgleis. In Richtung Wustermark führten alle Durchrutschwege, sofern nicht die Flankenschutzweichen ausreichten, auf die Entgleisungsweiche 51 im Transitgleis (nur eine Zungenvorrichtung einer Weiche). Eine Besonderheit bis 1990 waren die beiden unmittelbar vor der Grenze aufgestellten so genannten Y-Signale in dem langen Betonschlauch nach West-Berlin (siehe Kapitel 3).

Durchfahrten von und nach West-Berlin waren erst ab 8. Oktober 1990 möglich, nachdem die Sicherungsanlagen verändert worden waren. Bereits am 13. August 1990 verlängerte man drei Personenzugpaare aus Richtung Rathenow – Wustermark bis Berlin-Spandau.

Über die Fläche des früheren S-Bahnhofs Staaken und der früheren Kontrollgruppe im Rbf Wustermark verlaufen heute die Gleise der Schnellfahrstrecke Berlin – Hannover.

Bei der Fahrt im grenzüberschreitenden „Betonkanal" zwischen Berlin-Spandau Gbf und Staaken begegnen sich ein Güterzug und eine „Ferkeltaxe" (Leicht-Triebwagen), die nach der Wende zwischen Berlin-Charlottenburg und Nauen als Nahverkehrszug fuhr. Foto: Kuhlmann

Ohne Grenz- und Zollkontrollen und ohne Lokwechsel passiert ein von Saalfeld (Saale) kommender und mit der 155 264-5 bespannter Güterzug die ehemalige innerdeutsche Grenze bei Falkenstein (Bayern) in Richtung Nürnberg.
Foto: Th. Splittgerber

Die Wende und der Pferdefuß der Technik

Obwohl 1988 – ein Jahr vor der politischen Wende in der DDR – an der innerdeutschen Grenze noch immer scharf geschossen wurde, setzte fast unbemerkt im innerdienstlichen Gebrauch der DR „Tauwetter" ein. Nach der „Anordnung über Dienstsachen" des Ministerrates der DDR vom 3. Februar 1988 durften viele Geheimhaltungsgrade gelöscht werden. Bei der DR betraf das viele „Vertrauliche Dienstsachen", u. a. Brückenakten und die den Transit- und Grenzverkehr regelnde „Dienstvorschrift zur Durchführung des Eisenbahnverkehrs zwischen der DDR und der BRD", die bisher unter Verschluss gehaltene DV 523.

Die Eisenbahner in Ost und West warteten im November 1989 nicht auf Weisungen „von oben", sie handelten selbstständig. Am 12. November 1989 fassten sich fünf Bundesbahner ein Herz und fuhren – mit entsprechender Zugmeldung – mit einem Dieseltriebwagen von Herzberg (Harz) nach Ellrich und eröffneten ohne staatlichen Segen den Personenverkehr auf dieser Strecke. Am 13. November 1989 hob die DDR die Sperrzonen an der Westgrenze auf. Am 13. und 14. November 1989 fand in Ost-Berlin die erste gemeinsame Fahrplanbesprechung zwischen DR und DB statt: Ab 17. November 1989 wurden zusätzliche Züge zwischen beiden Staaten eingesetzt (14 im Fernverkehr und 10 im grenznahen Verkehr). Ab 18. November 1989 verkehrten täglich sieben Personenzugpaare auf dem ehemaligen NVA-Anschlussgleis von Ilsenburg nach Stapelburg. Vom 1./2. bis zum 17./18. Dezember 1989 fuhren an Wochenenden, z. T. auch werktags, so genannte „Einkaufszüge" nach West-Berlin (von Dresden und Chemnitz über Griebnitzsee nach Berlin-Charlottenburg, von Leipzig über Halle (Saale) und Güsten über Griebnitzsee nach Berlin-Wannsee, von Magdeburg und Stendal über Staaken nach Berlin-Spandau; es galt der DR-Binnentarif einschließlich aller Ermäßigungen in DM-Ost). Am 22. Januar 1990 wurde zwischen Potsdam (Stadt) und Berlin-Wannsee ein Wendezugbetrieb mit Diesellokomotiven des früheren DDR-Regierungszuges eingerichtet als Vorläufer für die zu reaktivierende S-Bahn. Vom 14. April bis 19. Mai 1990 verkehrten für die West-Berliner Einwohner Ausflugssonderzüge von Berlin Zoologischer Garten über Dresden nach Bad Schandau sowie über Magdeburg – Halberstadt nach Wernigerode (es galt der DR-Binnentarif in DM-West).

Der ehemalige Regierungszug der DDR wurde als „Reisen wie die roten Preußen" vermarktet. Er fuhr von Berlin Zoologischer Garten nach Wernigerode (erstmals am 24. März 1990), in den Thüringer Wald, ins Erzgebirge, an die Ostsee und nach Dresden. Am 12. Mai 1990 fuhr er als Sonderzug – nein, nicht nach Pankow –, sondern unter dem Motto „Der schöne Ferientag" erstmals von Berlin-Lichtenberg nach Hamburg.

Nicht nur der Zugverkehr verbesserte sich, ebenso die Kommunikation beider Bahnen. Nachdem am 23. November 1989 zwischen Dresden (noch über Pilsen, CSFR!) und Nürnberg die erste Fernsprechverbindung eingerichtet werden konnte, folgten bis zum Frühjahr 1990 weitere im Basa-Netz zwischen Ost- und West-Berlin, zwischen Schwerin (Meckl) und Lübeck sowie Hamburg (am 22. März 1990), zwischen Magdeburg und Hannover, zwischen Eisenach und Bebra, zwischen Erfurt und Saalfeld (Saale) und Lichtenfels sowie zwischen Plauen (Vogtl) und Hof (Saale).

Was bisher in aller Eile geschmiedet und geflickt werden musste, hatte zum Fahrplanwechsel ab dem 27. Mai 1990 jetzt System. Beide Bahnen schlossen am 8. Mai 1990 eine Vereinbarung über den Einsatz von Triebfahrzeugen und Zugpersonal über die im Eisenbahn-Grenz-Übereinkommen (EGÜ) enthaltenen Bahnhöfe hinaus. Damit wurden die Lokdurchläufe neu geregelt: Die DR beförderte die Züge wieder bis Hamburg, über den zugleich eröffneten neuen Übergang Arenshausen – Eichenberg fuhr die DR bis Altenbeken bzw. Northeim, die DB bis Nordhausen, über Gerstungen – Bebra gelangten DR-Lokomotiven bis Kassel, die der DB bis Jena West. Ein neues Zeitalter begann ...

Als eine der ersten Reaktionen auf den politischen Umbruch im Herbst 1989 entschärfte die Reichsbahndirektion Berlin mit Bahndienst-Fernschreiben vom 14. Dezember 1989 die DV 523 etwas: Der Paragraf über das Beflaggen der Triebfahrzeuge von Alliierten- und Transitzügen an Staatsfeiertagen der DDR wurde nicht – wie bei anderen Festlegungen – gestrichen, sondern dessen Gültigkeit nur „ausgesetzt“.

Nicht aufgehoben wurde dagegen die Vertraulichkeit der „Grundsätze Grenzbahnhöfe“. Deren Wirken hatte nach der am 1. Juli 1990 begonnenen Wirtschafts- und Währungsunion zwischen der DDR und der BRD ein makaberes Nachspiel: Als zu diesem Zeitpunkt die Personenkontrollen an der innerdeutschen Grenze offiziell entfielen, bestand keine Notwendigkeit mehr, auf den nun ehemaligen Grenzbahnhöfen Schnellzüge halten zu lassen. Die noch immer tätigen bisherigen Leiter und Funktionäre der DR, die erst so nachhaltig die „Sicherung der Staatsgrenze der DDR“ forderten oder unterstützten, wollten nun – gewendet – wegen der höheren Attraktivität und der Reisegeschwindigkeit der Züge diese auf diesen Bahnhöfen durchfahren lassen.

Doch mit einem Federstrich ließ sich die unsinnige, vom MfS geforderte „Schutz-Technik“ nicht vom Tisch wischen. Für das Ändern von Eisenbahn-Sicherungsanlagen – und dazu gehörten auch die nach den „Grundsätzen Grenzbahnhöfe“ realisierten Techniken – mussten erst Projekte erarbeitet, von der Staatlichen Bauaufsicht geprüft und genehmigt werden, ehe sie ausgeführt werden durften. Es vergingen Monate, bis Durchfahrten möglich waren, z. B. in Staaken und Drewitz erst ab 8. Oktober 1990.

Wer erinnert sich heute bei der Fahrt durch Griebnitzsee, Marienborn oder Gerstungen daran, dass hier ein staatlich verordneter Zwangshalt einst zur Normalität gehörte?

Anhang

Abkürzungsverzeichnis

Anlm Anlagenmeisterei (Berlin Nordbahnhof)
AZKW Amt für Zoll und Kontrolle des Warenverkehrs (der DDR)
BAR Berliner Außenring
Basa Bahn-Selbstanschlussanlage
Bf Bahnhof
Bk Blockstelle
Bm Bahnmeisterei
BR Baureihe
BRD Bundesrepublik Deutschland
BVG Berliner Verkehrs-Betriebe
Bw Bahnbetriebswerk
BZ Betriebszentrale
CSD Ceskoslovenské Statni Drahy (Tschechoslowakische Staatsbahnen)
Dast Dienstauftragsstelle
DB Deutsche Bundesbahn (1949 gegründet, hier für die Zeit seit 1945 angewendet)
DDR Deutsche Demokratische Republik
Dg Durchgangsgüterzug
Dgb Durchgangsgüterzug für Besatzungsmacht
DGP Deutsche Grenzpolizei
DHO Diensthabender Offizier
DR Deutsche Reichsbahn (Ost, seit 1945)
DSG Deutsche Schlaf- und Speisewagen-Gesellschaft
DV Dienstvorschrift (der DR)
EStw Elektronisches Stellwerk
FD Fernschnellzug
FDGB Freier Deutscher Gewerkschaftsbund
FDt Fernschnell-Triebwagen
Fp Führungspunkt (der Grenztruppen)
Fz Fahrzeuge
GAR Güteraußenring (um Berlin von 1941/42)
GMS Gesellschaftlicher Mitarbeiter Sicherheit (des MfS)
GT Grenztruppen (der NVA)
Güst Grenzübergangsstelle
Gv Güterverkehr
GZA Grenzzollamt
Hp Haltepunkt
IM Inoffizieller Mitarbeiter (des MfS)
IME Inoffizielle Mitarbeiter-Ermittlung (des MfS)
Indusi Induktive Zugsicherung
ITMK Innentransportmittelkontrolle
Kp Kontrollpunkt (der Grenztruppen)
KPP Kontrollpassierpunkt
Lg Leergüterzug
Lz Lokomotiv-Leerfahrt
MfAA Ministerium für Auswärtige Angelegenheiten
MfNV Ministerium für Nationale Verteidigung
MfS Ministerium für Staatssicherheit
MfV Ministerium für Verkehrswesen
MITROPA Mitteleuropäische Schlaf- und Speisewagen-Aktiengesellschaft
NfD Nur für den Dienstgebrauch
Ng Nahgüterzug (der DB)
NVA Nationale Volksarmee (der DDR)
OibE Offizier im besonderen Einsatz (des MfS)
PKE Personenkontrolleinheit (des MfS)
Pv Personenverkehr
PZB Punktförmige induktive Zugbeeinflussung
Rba Reichsbahnamt
Rbd Reichsbahndirektion (bis 1953 noch RBD)
Ri Richtung
RIAS Rundfunk im amerikanischen Sektor
SBZ Sowjetische Besatzungszone
Sfm Signal- und Fernmeldemeisterei
SMAD/SMA Sowjetische Militäradministration (in Deutschland)
TEEM Trans-Europ-Express-Marchandises
Trapo Transportpolizei
UGO Unabhängige Gewerkschaftsorganisation
VD Vertrauliche Dienstsache
Vopo Volkspolizei
ZBF Zugbahnfunk (der DB)
ZF Zugfunk (der DR)
ZK Zentralkomitee

Anhang 1: Die zeitweiligen Grenzbahnhöfe zwischen DB und DR im Überblick

Für die Zeit nach 1945 wird hier die frühere westliche Deutsche Reichsbahn als DB und die östliche als DR bezeichnet.

Grenzbahnhof DB (mit dazwischen befindlichen Betriebsstellen)	Grenzbahnhof DR (mit dazwischen befindlichen Betriebsstellen)	Strecken-eröffnung	Länge des Abschnitts [km]	Staatsgrenze bei km (1972)	Instandhaltungs-grenze bei km (1972)	Übergangs-verkehr seit bzw. von … bis …	für Pv, Gv, Lz	Zugförderung von	Bemerkungen
Lübeck Hbf/Hgbf Abzw Strecknitz etwa von 1922 bis Juni 1949 zweigleisig	**Herrnburg**	1. Mai 1870 Gv 1. Juni 1870 Pv	10,1	6,912	6,912 9,517	seit Mai 1945 29. April 1946–14. Mai 1952 Juni 1947–1951 1. Okt. 1947-15. Mai 1952 seit 20. März 1960 seit 21. März 1960	Fz-Austausch Gv Pv mit Ng Ri Lü Pv mit Dg in beide Ri Pv Gv	DR	während Berliner Blockade nur Zugverkehr Herrnburg-Lübeck nicht für Personen und Güter von und nach West-Berlin
Büchen von 1848 bis 1947 zweigleisig	**Schwanheide**	15. Dez. 1846 Pv 18. Jan. 1847 Gv	6,4	236,475	236,47	Brücke über Elbe-Trave-Kanal seit 27. Juli 1946 betriebsbereit seit 26. Aug.1947 seit 10. Sept. 1949 seit 5. Juli 1965	Gv Pv Gv für West-B.	DR	Lokdurchlauf im Pv bis Juni 1973 bis Hamburg, dann Büchen bis Mai 1962 FDt
Vorsfelde (Gv) **Wolfsburg** (Pv) Abzw Grafhorst von 1872 bis etwa 1946 zweigleisig	**Oebisfelde**	1. Nov. 1871	9,2	168,938	168,91	30. Aug. 1945 10. Sept. 1945 7. Okt. 1945 15. Juli 1954	Gv alliiert. Lg aus West-Berlin Fz-Austausch Pv		bis 2. April 1948 auch nach und von West-Berlin während Berliner Blockade eingeschränkter Zugverkehr nicht für Personen und Güter von und nach West-Berlin

Wahrstedt	Oebisfelde	1. Sept. 1895	3,8	34,110		Mai 1949– 16. Sept. 1951	Lz	DR	
Bahrdorf (Braunschw)	Döhren	1. Sept. 1895	4,5	23,600		Mai 1949– 16. Juni 1952	Lz	DB	
Grasleben eingleisig	Weferlingen Rb	1. Sept. 1895	3,2	17,539					
Helmstedt	Hp u. Abzwanschl	1. Juli 1872 Gv	8,9	14,850	14,850	4. Juli 1945	alliiert. Pv/Gv	DB	DB-Lok bis 1948 nach Berlin
	Harbke	15. Sept. 1872 Pv				Sept. 1946	Pv	DR	während Berliner Blockade eingeschränkter Zugverkehr
seit 1872 zweigleisig	**Marienborn**					12. Mai 1949 5. Juli 1973–Nov. 1989	Pv, Gv Pv kl. Grenzv.	DR DR	
Walkenried	**Ellrich**	1. Aug. 1869	4,5	142,045	142,045	bis 4. Juli 1945	Rückzug d. US-Army	DB	
seit 1.Juni 1958 **Herzberg (Harz)**						ab 10. Nov. 1947	Gv	DB bis Nordh.	nicht für Personen und Güter von und nach West-Berlin, während Berliner Blockade eingeschränkter Zugverkehr
1879 bis 1950 zweigleisig						3. Okt. 1949 Herbst 1950 u. Frühjahr 1951 je 2 Sonderzüge zur Leipziger Messe	Gv Pv (einmalig)	DB DB	
Eichenberg	Arenshausen	13. März 1872	3,5	169,230		bis 4. Juli 1945	Rückzug d. US-Army		
						bis 1948 sporadische Fahrten	Fz-Austausch		

Grenzbahnhof DB (mit dazwischen befindlichen Betriebsstellen)	Grenzbahnhof DR (mit dazwischen befindlichen Betriebsstellen)	Streckeneröffnung	Länge des Abschnitts [km]	Staatsgrenze bei km (1972)	Instandhaltungsgrenze bei km (1972)	Übergangsverkehr seit bzw. von ... bis ...	für Pv, Gv, Lz	Zugförderung von	Bemerkungen
Bebra	**Gerstungen** (ab 28. Sept. 1963 auch Pv, stets Gv)	25. Sept. 1849	34,5	191,343	191,343	seit Sommer 1945	Gv	DR	bis Juni 1973 bis Bebra, dann DB
Hp Ronsdorf, Abzw Faßdorf, Bf Hönebach, Bk Großensee, Bf Bosserode, Bk Schilthof, Hp Obersuhl (aufgegeben), Bf Obersuhl	Hp Neustedt (Werra), Bf Wommen, Bf Herleshausen					22. Febr. 1946–30. Mai 1952	Transit-Gv	DB	Bebra-Gerstungen-Philippsthal
	Wartha (Werra) (bis 28. Sept. 1963 stets nur Pv)					18. März 1946–30. Mai 1952	Transit-Pv	DB	Bebra-Gerstungen-Philippsthal
						seit Sommer 1947	Pv	DR	bis Juni 1973 bis Bebra, dann DB
						3. Juni 1952–1. Juli 1952	Transit-Gv	DB	Bebra-Gerstungen-Philippsthal
						29. Nov. 1954–18. April 1966	Pv	DB	nach Bosserode, Obersuhl; Wenden leer in Gerstungen
						29. Nov. 1954–30. Nov. 1967	Transit-Gv	DB	Bebra-Gerstungen-Philippsthal
						bis 22. Mai 1952	Pv	DR	Eisenach-Gerstungen ohne Halt in Herleshausen u. Wommen
						seit 5. Juli 1965	Gv		für Güter von und nach West-Berlin
	Herleshausen-Wommen					1. Aug. 1978 Betrieb eingest.			
1863/68 bis April 1946 zweigleisig						1. Juli 1988 an DB zurück	Gv	DR	
Heringen (Werra)	Dankmarshausen	30. März 1904	4,65	7,684	7,684	17. Sept. 1945–23. Mai 1952	Transit-Gv	DR	Vacha-Philippsthal-Gerstungen
						22. Febr. 1946–30. Mai 1952	Transit-Gv	DB	Bebra-Gerstungen-Philippsthal
						18. März 1946–30. Mai 1952	Transit-Pv	DB	Bebra-Gerstungen-Philippsthal
						3. Juni 1952–1. Juli 1952	Transit-Gv	DB	Bebra-Gerstungen-Philippsthal
						29. Nov. 1954–5. Febr. 1962	Transit-Gv	DR	Vacha-Philippsthal-Gerstungen

1. Juli 1923 bis April 1946 zweigleisig						bis 29. Sept. 1962 29. Nov. 1954–30. Nov. 1967 seit 28. Sept. 1969	Transit-Gv Transit-Gv Transit-Gv	DR DB DB	nur bedarfsweise Bebra-Gerstungen-Philippsthal Bebra-Gerstungen-Philippsthal, auch Gv zum Grenzbahnhof Gerstungen
Philippsthal eingleisig	Vacha	2. Okt. 1905		22,430		17. Sept. 1945–23. Mai 1952 29. Nov. 1954–5. Febr. 1962 bis 29. Sept. 1962	Transit-Gv Transit-Gv Transit-Gv	DR DR DR	Vacha-Philippsthal-Gerstungen Vacha-Philippsthal-Gerstungen nur bedarfsweise
Neustadt (b Coburg) eingleisig	Sonneberg (Thür) Hbf	2. Nov. 1858	4,3	17,160		14. Mai 1945–3. Juli 1945 1. Sept. 1947–19. Juni 1948 11. Mai 1949–30. Sept. 1951	Rückzug d. US-Army Gv Gv	DB DB DB	
Ludwigsstadt 1890 bis April 1946 zweigleisig	**Probstzella**	1. Okt. 1885	7,0	166,665 DR 52,800 DB	166,665	17. Juni 1947–11. Juli 1951 seit 15. Sept. 1947 seit 2. Okt. 1949	Transit-Gv Gv Pv	DR DR DR DB	Probstzella-Ludwigsstadt-Lehesten nicht für Güter von und nach West-Berlin seit 12. Juni 1950 elektrischer Betrieb
Ludwigsstadt eingleisig	Lehesten	1. Dez. 1885	7,6	5,300		17. Juni 1947–11. Juli 1951	Transit-Gv	DR	Probstzella-Ludwigsstadt-Lehesten
Hof (Saale) Hbf Hp Hof Nord, Feilitzsch, Bk Unterhartmannsrent, Bk Landesgrenze seit 1868 zweigleisig	**Gutenfürst**	20. Nov. 1848	7,3	151,700	151,699	20. Dez. 1945 Anf. 1946–18. Mai 1952 seit 14. Juli 1954 seit 5. Juli 1965 seit 1. Okt. 1972	Gv Pv Pv Gv Pv	DB DB DB DB bis 1973, dann DR	Übergabe im Bf Mehlteuer, später Bf Gutenfürst kleiner Grenzverkehr mit Postzügen mit Unterbrechung während Berliner Blockade für Güter von und nach West-Berlin für Personen von und nach West-Berlin

Anhang 2:
Die „internen“ Grenzbahnhöfe der DR im Überblick

„Grenz-bahnhof“ DR	Kontroll-bahnhof DR	Strecken-eröffnung	Länge des Abschnitts [km]	Staatsgrenze bei km (1972)	Kontrollen seit bzw. von ... bis ...	für Pv, Gv, Lz	Bemerkungen
Berlin Friedrichstraße		15. Mai 1882 Fv	1,31	5,280	Mai 1950 Aug. 1961	S-Bahn-Verkehr Transitreisezüge, internat. Reisezüge	
Griebnitzsee		21. Sept. 1838	0.70	28,05	Mai 1950	S-Bahn-Verkehr	
					Okt. 1954	Interzonenreisezüge, sonst. Reiseverkehr	
					Aug. 1961	Transitreisezüge	Y-Signal 1980 abgebaut
	Potsdam (Stadt)	21. Sept. 1838	4,93		1945	alliierte Dienstzüge	
					Mai 1950–Aug. 1961	Interzonenreisezüge, sonst. Reiseverkehr, Leergüterzüge	
Seddin Süd		15. April 1879 Gv	13,40	18,10 einschl. Steinstücken			
	Drewitz	15. Mai 1879 Pv	0,56		Mai 1950–Okt. 1961	Reisezüge	
					Mai 1950	Reisezüge, Leergüterzüge	
					Aug. 1961	Güterzüge nach und von West-Berlin	
Wustermark Rbf Kontrollgruppe		1. Februar 1871	8,39	16,610	Aug. 1961	Güterzüge nach und von West-Berlin	
	Staaken		2,19		Aug. 1961	Güterzüge nach und von West-Berlin	Y-Signale vorhanden
Staaken					Sept. 1976	Transitreisezüge	

Quellen

[1] Kleßmann, Christoph: Die doppelte Staatsgründung – Deutsche Geschichte 1945–1955; Schriftenreihe Studien zur Geschichte und Politik Band 298; hrsg. von der Bundeszentrale für politische Bildung, Bonn 1991

[2] Catudal, H. M.: Kennedy in der Mauer-Krise – Eine Fallstudie zur Entscheidungsfindung in USA; West-Berlin 1981; zitiert in: Kleßmann, Christoph: Zwei Staaten, eine Nation – Deutsche Geschichte 1955–1970; Schriftenreihe Studien zur Geschichte und Politik Band 265; hrsg. von der Bundeszentrale für politische Bildung, Bonn 1988

[3] Rühle, J./Holzweissig, G.: 13. August 1961 – Die Mauer in Berlin; Köln 1981; zitiert in: Kleßmann, Christoph: Zwei Staaten, eine Nation – Deutsche Geschichte 1955–1970; Schriftenreihe Studien zur Geschichte und Politik Band 265; hrsg. von der Bundeszentrale für politische Bildung, Bonn 1988

[4] Jacob, Manuel: Die Berliner S-Bahn im Kalten Krieg 1949–1961; in: Berliner Verkehrsblätter [Berlin], 42 (1995), Heft 8, Seite 148–162

[5] BStU–ZA, MfS–HA VIII, Nr. 6318, BStU-Seiten 057–060 (Güst Bahnhof Friedrichstraße)

[6] BStU–ZA. MfS–HA VI, Nr. 4372, BStU-Seiten 168–170 (Struktur PKE)

[7] BStU–ZA, MfS–HA VIII, Nr. 5458, BStU-Seiten 010–015 (Ablauf eines Einsatzes im Operationsgebiet)

[8] BStU–ZA, MfS–HA VI, Nr. 4372, BStU-Seiten 025–073 (Gemeinsame örtliche Vereinbarung zur Organisation, Durchsetzung und Abwicklung des grenzüberschreitenden Reiseverkehrs auf der Grenzübergangsstelle Bahnhof Berlin Friedrichstraße [G.ö.V. – Güst Fri], vom 01. Dezember 1985)

[9] BStU–ZA, MfS–ZAIG, Nr. 1867, BStU-Seiten 001–018 (Informationsbericht über Erscheinungen der Störungen des grenzüberschreitenden Reise- und Güterverkehr von und nach Westdeutschland und der selbständigen politischen Einheit Westberlin, vom 17. Oktober 1970)

[10] Deutsche Reichsbahn: Dienstvorschrift für die Durchführung des Eisenbahnverkehrs zwischen der Deutschen Demokratischen Republik und der Bundesrepublik Deutschland (DV 523) mit den Teilheften 1 bis 3; gültig ab 1. Januar 1979

[11] Bufe, Siegfried: Eisenbahn in Oberfranken; Bufe-Fachbuch-Verlag, München 1982, Seite 9

[12] Fluchthelfer in Uniform: 1961 – Ein Flüchtling in einem US-Militärzug zwischen Ost und West; TV-Sendung vom 07. Juni 2000 auf Arte, 20.45 Uhr

[13] -Flucht in die Freiheit – Mit Lok und Wagen nach Westberlin geflüchtet; in: Der deutsche Bundesbahnbeamte, Nr. 24/1961

[14] -Der Zug fuhr bis Endstation Freiheit; in: Tagesspiegel [West-Berlin] vom 7. Dezember 1961

[15] Kuhlmann, Bernd: Züge durch Mauer und Stacheldraht; GVE-Verlag, Berlin 1998, Seite 16–21, 135f.

[16] Dittfurth, Udo: August 1961 – S-Bahn und Mauerbau: GVE-Verlag, Berlin 2003, Seite 152f.

[17] Schubert, Peter: Fluchtpunkt Bahnhof Friedrichstraße; in: Berliner Morgenpost [Berlin], 100 (1998), vom 16. Oktober 1998, Seite 13

[18] Reimer, Michael: Vergangenes über den Bahnhof Berlin Friedrichstraße – Mitten in der geteilten Stadt; in: Modelleisenbahner [Berlin], (1991), Heft 11, Seite 10–13

[19] BStU–ZA, MfS–BdL/Dok Nr. 003703, BStU-Seiten 001–002 (Anlegen von Personalakten für Eisenbahner im Auslandseinsatz)

[20] www.norbert-weise.de vom 14. Mai 2001

[21] Bock, Peter: Vor 35 Jahren: Reichsbahn und Mauerbau in Bildern und Dokumenten; in: Verkehrsgeschichtliche Blätter [Berlin], 23 (1995), Heft 4, Seite 74–78

[22] Deutsche Reichsbahn: Grundsätze über die besonderen Maßnahmen auf Grenzbahnhöfen, gültig ab 1. Juli 1966

[23] Ministerium für Verkehrswesen, Staatssekretär und Erster Stellvertreter des Generaldirektors der DR: Anweisung für besondere Maßnahmen auf Grenzbahnhöfen der DR (Grundsätze Grenzbahnhöfe), vom 8. Dezember 1987, gültig ab 1. Januar 1988

[24] Deutsche Reichsbahn, Generaldirektor: Anweisung für besondere Maßnahmen auf Grenzbahnhöfen der DR (Grundsätze Grenzbahnhöfe), vom 2. Januar 1990, gültig ab 1. Januar 1990

[25] BStU–ZA, MfS–HA XIX, Nr. 484, BStU-Seiten 109f. (Schreiben MfV, Int II, vom 26. August 1986, an das MfAA)

[26] BStU–ZA, MfS–HA VI, Nr. 130, BStU-Seiten 165f., 190f., 210–212, 226–228 (Schriftwechsel MfS, HA VI u. PKE, MfNV–GT, MfV–StvMin von 1982)

[27] verschiedene Bestände des Archivs Berlin der DB AG (heute aufgelöst)

[28] Mitteilung von Michael Reimer, Berlin, vom 7. Mai 1998

[29] Mitteilung von Klaus Reepschläger, Potsdam, vom 4. Dezember 1998

[30] Rossberg, Ralf Roman: Grenze über deutsche Schienen 1945–1990; EK-Verlag, Freiburg 1991

[31] Fricke, Hans-Joachim/Ritzau, Hans-Joachim: Die innerdeutsche Grenze und der Schienenverkehr; Ritzau KG – Verlag Zeit und Eisenbahn, Pürgen 1990

[32] Greß, Gerhard: 1989 – Grenzenlos auf deutschen Schienen; Eisenbahn-Kurier spezial 54; EK-Verlag, Freiburg 1999

[33] Garn, Robin (Hrsg.): Reichsbahn ohne Reich; Band 2 (1955-1971); Verlag LOK REPORT, Berlin/Münster 1999

[34] Kuhlmann, Bernd: Bahnknoten Berlin – Die Entwicklung des Berliner Eisenbahnnetzes seit 1838; GVE-Verlag, Berlin 2000

[35] BStU–ZA, MfS–HA VI, Nr. 4372, BStU-Seiten 025–073 (Gemeinsame örtliche Vereinbarung zur Organisation, Durchsetzung und Abwicklung des grenzüberschreitenden Reiseverkehrs auf der Grenzübergangsstelle Bahnhof Berlin Friedrichstraße [G.ö.V.-Güst/Fri]; gültig ab 01. Dezember 1985)

[36] Bley, Peter: 150 Jahre Eisenbahn Berlin – Potsdam; alba Publikation, Düsseldorf 1988, Seite 108–115